奋力向前

PUSHING TO THE FRONT

生而为赢，人生不言败

畅销3版

[美] 奥里森 · 马登（Orison Marden）/ 著

张劼 / 译

中国法制出版社
CHINA LEGAL PUBLISHING HOUSE

人生不言败

《奋力向前》(《伟大的励志书》)是奥里森·斯威特·马登(Orison Swett Marden，1850—1924)的经典著作，是一本有关人生哲学的青年读物，主要内容包括如何创造成功的机会、出身贫苦也能造就杰出人物、如何利用闲暇时间创造财富、对青年人职业选择的建议等。它是一本包含无数前人智慧的成功学之书。它所提倡的成功原则改变了世界上千百万年轻人的命运，使他们从无名之辈变成社会精英。马登将自古希腊以来的漫长历史充分联系起来，在书中引经据典、旁征博引，用大量的名人传记和逸事资料佐证自己的思想和观点，让这本书在具有思想性的同时又生动活泼，具有极强的可读性。书中的每一章都充满了智言慧语，每一页都写得激情澎湃。这是一部鼓舞人心、激励斗志的非凡著作，适合所有沿着积累知识、塑造品格和明确职责的道路努力提升自我的人们。《奋力向前》原书分为上下两卷，篇幅甚大。本书是原书前15章的译文。如果你正处于迷茫之中，看不到未来的方向，如果你正在怀疑自己的人生选择，如果你正在探索成功的品质，那么，请拿起这本《奋力向前》吧，读完它，相信你一定会从中汲取到无穷的力量，看清自己面前的人生道路，满怀信心地前行。

目　录

第一章
人与机会

人生来就是带着自己的职责来到这个世界的。

——洛威尔

世事本无常，智者见有常。

——加菲尔德

时时警觉眼前的机会；机智勇敢地抓住机会；奋而不懈地发挥机会的最大成就——此乃军事成功的要旨。

——奥斯丁·菲尔普斯

“我终会找到机会或制造机会。”

哪有天上掉馅饼的好事，坐等机会终是一场空。

——W.H.柏利

奋力向前

Pushing to the Front

“如果我们成功了，世人会对我们做何评述？”柏里上尉兴奋地问道。此刻，正是尼罗河战役前夕，尼尔森刚刚演绎完他那细致缜密的尼罗河作战计划。

“没有什么‘如果’，”尼尔森说，“成功是板上钉钉的，而谁能够活下来去详述这一故事，那可就是另一回事了。”会议结束后，众人纷纷回到各自的军舰上，尼尔森最后补充说道：“明天的这个时候，我们或许已经获得了贵族头衔，或者在威斯敏斯特大教堂拥有一席之地了。”他敏锐而果敢的眼睛看到的是一场光荣胜利的机会，这在其他人眼里是绝对的失败。

“我们能够穿越这条道路吗？”拿破仑问他的工兵们，这些工兵是派来开辟圣伯纳德那条死路的。“也许，”工兵们言语中略带犹豫地答道，“还有一定的可能性。”“那就前进吧！”小伍长（拿破仑一世的绰号）说道，他丝毫没有听从众人所思虑的那些不可逾越的困难理由。英格兰和奥地利都不禁失声而笑，它们显然是在嘲笑“穿越阿尔卑斯山脉”这一主张。那里有史以来从未通行过车辆，或者说根本就没有通车的可能，更何况是拥有六万人的部队，还要拉着笨重的火炮，以及大量弹药和军事物资。当马塞纳饥肠辘辘地困守在热那亚，获胜的奥地利人正在尼斯城门前欢呼，拿破仑并没有辜负自己身处危险的战友。

这件“不可能的事情”竟然实现了！一些人觉得此事可能蓄谋已久，一些人则以天险为由，一再宣扬此事难行。众多指挥官给养充足，士兵体魄强健，唯独没有波拿巴的勇气和睿智，无论有多大的困难，他从不畏缩，从自己内心的强烈愿望出发，他制造了机会也把握住了机会。

新奥尔良的格兰特将军不巧从马上摔了下来，受了重伤，而恰在此时一封急令命他立刻赶赴查塔努加统率军队，南方军队已经将联邦军队团团包围，投降已成定局，似乎只是时间早晚的问题。夜晚，周围的山上到处都是敌人的篝火，而自己部队的所有补给也已经被切断，他忍受着身体上的巨大疼痛，下令冲出重围，马上开赴新的战场继续作战。

沿着密西西比河沿岸，穿过俄亥俄河的一条支流，躺在马拉着的担架上穿过了好几英里颠簸的荒野，最后，格兰特将军由四名士兵抬着到达了查塔努加。格兰特将军来到之后，战局随之改变，他是扭转战局的关键人物，整个军队都被他坚韧的毅力所震撼、鼓舞，军队的士气大振。格兰特将军尚未跨上马鞍，就下达了作战命令。虽然敌人还在步步紧逼，但在将军的率领下，北方军队已经以迅雷不及掩耳之势抢占了周围所有的山头。

战局得以扭转是出于偶然，还是整个军队都被格兰特将军虽身负重伤仍不屈不挠的精神鼓舞所导致的呢？

如果不是贺雷修斯勇往直前，只身携两名随从，死命扼守，直到台伯河跨江大桥被彻底破坏，从而使近九万托斯卡纳人深陷困境，事情会变成什么样子呢？这样的实例历史上不胜枚举，你可曾想过，他们为什么会成功呢？地米斯托克利为何能身在远岸，打垮了不可一世的波斯无敌舰队？为什么当有无数支奥地利人的长矛指向温克尔里德胸膛的时候，他仍能继续战斗，并为他的同伴们杀出了一条血路，以至于他的同伴们在争取自由的道路上走到了最后一刻？为什么拿破仑在经年累月的作战生涯中从未彻底溃败过？为什么威灵顿在与敌人无数次的周旋中从未被击败？为什么在无数次战斗中，内伊总能化险为夷、扭转战局，从而获得最终的胜利呢？为什么佩里能够战胜可怕的劳伦斯河，摇桨到达尼亚加拉大瀑布，让英国人打不响一枪一炮呢？为什么谢里丹将军能够在联邦军队即将溃败的时候，策马御敌最终力挽狂澜呢？为什么谢尔曼将军冲锋陷阵，告诫他的士兵们要坚守阵地，并且向他们深表敬意的时候，士兵们深受鼓舞，对这位将军充满了无限敬仰，最终保住了阵地呢？

历史上化“偶然”为神奇者屡见不鲜，不胜枚举，然成就大事者无一不是明晰至深，迅捷决断，进而全力以赴，抓住机遇，从而奇功得握。

的确，世界上只有一个拿破仑，然而，我们也要看到，如今的美国青年所遇到的困难远没有拿破仑跨越的阿尔卑斯山那样险峻。

别坐等不同凡响的机遇，抓住平凡的机会也能成就非凡伟业。

1838 年 9 月 6 日清晨，在英格兰和苏格兰之间的长石灯塔里，一位女孩被外面咆哮的风浪声里夹杂着的痛苦万分的尖叫哭喊声惊醒。外边惊涛拍岸，她的父母没有听到外面传来的哭喊声，但她透过望远镜见到了一幅惊人的场景：一艘触礁后即将沉没的破船上，尚有九个人在拼命挣扎求生，船首挂在半英里之遥的岩石上。“我们什么都做不了！”威廉·达林，这位灯塔看守人说道。“但是，我们一定要把他们救回来！”他的女儿叫道，并泪流满面地苦苦哀求着父母。无奈的老父只有答应她：“好吧，格雷丝，我来试一下！虽然我觉得把握不大。”很快，一艘渔船出现在了波涛汹涌的海面上，也许上天不愿有人和自己作对，随着小船的接近，海面的风浪倍加凶猛起来，而此时，小船的出现却让挣扎在生死边缘的人们看到了生的希望。女孩也不知从哪儿来的劲，和爸爸一起奋力摇橹前进，在他们的努力之下，九个人平安上了渔船。“上帝保佑你！没想到你竟是这样美丽的一位英格兰姑娘！”获救者不可思议地看着这位非凡的女子。她那天的所作所为甚至比她的君主们的丰功伟绩更让英格兰人引以为荣。

“让我来试试吧！我会让你满意的。”说话的是一个在西格诺·法里奥府邸厨房里干粗活的小男孩，这是乔治·卡瑞·埃格尔斯顿讲述的一个故事，众多的客人被邀请来参加宴会，可就在开宴的前夕，却传来一份令人窒息的消息：那位被寄予厚望的糖果大师搞砸了本应由他负责的糖果雕刻！“你？”主管的眼中满是惊诧，“你是谁？”“我叫安东尼奥·卡诺瓦，是雕刻家皮萨诺的外孙。”这个面色苍白的小家伙答道。

“就你了！你想怎么做？”主管问道。“如果你让我试试的话，我会在桌子中央给你一份满意的答卷。”安东尼奥信心十足地回答。此时的主管真的是无计可施，与其就此搞砸还不如让他试一下。这个小帮厨要了一块黄油，很快就造出了一只蹲踞的雄狮，又惊又喜的主管连连点头，亲手将其捧到宴席桌上。

宴会开始了，客人们鱼贯而入，其中很多都是威尼斯的富商名流和皇家贵族，他们当中不乏当时社会的艺术品评专家，当所有的客人将目光落在那蹲踞的雄狮之上时，人群中不时传来赞誉之声。似乎这件艺术珍品已让大家忘却此行的目的，他们长久地端详着狮子，细心地品味，更有甚者，一些宾客询问西格诺·法里奥是哪位艺术大师肯费心地完成这样一件保存时间如此短暂的珍品。这样的询问让法里奥不知如何作答，只好找来主管，主管这才把安东尼奥带到了宾客的面前。

当这些贵宾知道这只黄油狮子原来是一个小帮厨短时间内完成的作品时，整个宴会立刻变成了对这个小男孩的赞美会。这位富有的主人当众宣布，他将为安东尼奥支付学费并聘请最优秀的老师来教他。之后，他也履行了承诺。安东尼奥并没有被这次好运冲昏头脑，人们看到的依然是那个纯朴上进的男孩。他对自己的技艺愈加要求严格，精益求精，在皮萨诺的作坊勤勤恳恳地工作，希望成为一名出色的雕塑大师。很少有人知道少年安东尼奥是如何利用这第一次机遇的，但所有人都记住了他的名字——安东尼奥·卡诺瓦，世界上最伟大的雕刻家之一。

弱者坐等机遇降临，强者善于创造成功的机遇。

"优秀的人不是等候机会降临，而是寻找机会，抓紧在手的机遇全身心投入，让机会成为自己的仆人。"E.H. 查宾如是说。

成功只能靠你自己，机会常有而能切实把握的人却不常有。

"缺少机会"只是那些落败者的借口。真的没有机会吗？就在你我的身边，随时都有成功的机会。校内的课堂可以令学生脱颖而出，各种考试也可造就成功人士，病人顽强地战胜病魔，一篇优秀的文章得以刊登，每个客户、每次商务交往都蕴含着机会，这样的机会还会有很多，举不胜举。想要把机会握在手中，个人修养尤为重要，明理、诚信、大度、胸襟宽阔、豪爽是不可或缺的条件，此外，还要有自信和责任心。还有呢？仅有这些就足够了吗？当然不是，所有成功必须具备的条件是"你是自由的"。还记得弗雷德里克・道格拉斯吗？也许你知晓的他是一名声名显赫的大作家、演说家，可又有谁知道他曾是一名被判死刑的农奴？要不是为获取自由越狱求生，怎么会有后来的他？相比道格拉斯你是自由的，所以即使是最贫穷的青年，你们该做点什么呢？

总是抱怨自己没有时间或没有机会的，总是那些整天无所事事的人而不是勤奋工作的人。有的年轻人善于利用被别人粗心丢掉的零星机会而取得了比有的人倾其一生的努力所得的成功更伟大的成就。你与机会犹如蜜蜂和花朵，蜂蜜是蜜蜂每日不懈息，艰辛提炼的结果，而你面对机会，是否留意把握呢？

"人这一辈子总会被上天垂青赐予机会的。当其到来时你可不要茫然错过，最怕的就是机会已到来而你却不知晓。"

科尼利尔斯・范德比尔特在汽艇上看到了机会，想在汽艇行业占得一席之地。令所有人想不到的是他放弃了自己原本蒸蒸日上的工作去接管一家造船厂，其年薪不过 1000 美元。当时利文斯通和富尔顿享有纽约河运的独占权，但范德比尔特认为这违反了宪法规定，并据理力争最终使得这项独占权被废除。应时而生的他让美国人摆脱了欧洲邮政垄断的不利处境，因为此前人们要支付高昂的费用。身为汽艇运营商的他却对此给出了另一种说法：他不但可以快递邮件，还可以运送旅客。果然如他所言，很快，美国的汽艇邮政在当时的货物运送以及乘客运输方面都遥遥领先，他本人也因此扬名于世。

当今天的我们领略汽艇邮政的快捷、方便时，无不赞叹范德比尔特非凡的前瞻性。

菲利普·阿木尔年轻时曾参加了一个穿梭于沙漠的 49 人骆驼商队，他把他所有的家当放在一辆由骡子牵拉的大篷车上，穿越了美洲大漠。辛勤的工作和稳定的收入使他在矿山里积累了财富，六年之后他开始创业，在密尔沃基经营谷物和货栈生意，九年间他就挣得了数十万美元。一次偶然的机会，他在格兰特将军的“进军里士满”这一命令里看到了不一样的机会。1864 年的一个清晨，他敲开了他的合作伙伴——猪肉罐头商裴兰科顿的房门：“我想乘下一班车到纽约去卖那儿短缺的猪肉，因为格兰特和谢尔曼的军队已经遏制住了南方军队，不久猪肉将降至每千克 12 美元。”这就是他所认定的机会，他来到了纽约，大量销售猪肉，他的价格只有每千克 40 美元，降价倾销结果是可想而知的，很快，所有的当地人都知道了他的到来，纷纷前去抢购。他的做法让华尔街精明的经销商当作笑料品评，在他们看来，战乱不会结束，而且会愈演愈烈，到那时再卖猪肉的话就可以卖至每千克 60 美元。对于同行的劝告和不时传来的嘲笑，他丝毫不以为意，依然自顾自地销售猪肉。不久，格兰特将军的部队势如破竹，里士满很快陷落，猪肉的价格没有如那些精明者所料涨至每千克 60 美元，相反，却像阿木尔所说的那样降到了每千克 12 美元，战乱前后的猪肉销售却让他净赚了 200 万美元。

当提到石油产业，洛克菲勒的名字一定不会让你感觉陌生。他注意到，虽然美国人口众多，但只有少部分人使用电灯。美国的石油储量很丰富，但由于提炼工艺落后，使得石油产品劣质难销，甚至使用起来还存在安全隐患。洛克菲勒的机会来了，他把眼光盯准了石油开发，与他创业密不可分的还有塞缪尔·安德鲁斯，就是他俩于 1870 年在一间破旧的厂房里反复实验最终攻克了优质石油产品的提炼技术。他们的成功开发很快吸引了第三位加盟者弗莱格勒。不知为何亲密的合作者间出现了矛盾，安德鲁斯很快变得不满起来。“你认为你的股份应该价值多少？”洛克菲勒不想失掉这个当初的共同创业者，所以问安德鲁斯。安德鲁斯看似随意地在纸上写下了“100 万美元”，24 小时之内，洛克菲勒给了他这笔钱并说道：“比起 1000 万美元来，100 万美元真是太便宜了。”20 年时间里，这家当初市价只有 1000 美元的提炼小厂发展成了大型石油公司，拥有资本已达 9000 万美元，股票价格每股 170 美元，其股票市值最高达到 1.5 亿美元。

上述都是成功者抓住机会赚大钱的事例，你可千万不要以为成功就是为了钱，所幸的是新一代的电子专家、工程师、学者，还有那些艺术家、作家、诗人都发现其实机会犹如蓟草，俯拾皆是。抓住这些机会去做一些高贵的对社会有益的事情，往往比追求财富更为崇高。财富不应该是个人追求的人生终点，而仅仅是一次机遇，不应该是一个人事业的高峰，而只是事业附带给予我们的回报。

伊丽莎白·弗莱女士是在何时何处把握她的机会的呢？她是当时社会的名流，可谓极具影响力。那是在 1813 年的一个下午，她来到英国伦敦新门监狱进行慰问，让她意外的是，三四百个女人挤在同一个牢房里等待审讯。她们既没有床也没有被褥，她们不管老少，都横七竖八、衣衫褴褛地睡在污秽不堪的地板上，似乎没有人关心她们，政府也只是提供一点食物让她们勉强活着而已。弗莱女士对新门监狱的造访平息了这群人的哀号，这位女士告诉她们她希望筹建一所学校，学生就是这里的年轻妇女和女孩，而且学校要实行自管自育的原则，要女犯们在她们中间推选出一位校长。女犯们惊呆了，并选出了一名因偷表而被收监的女犯当校长。三个月以后，这群妇女变得温和而友好。这项改革被迅速推广开来，政府也颁布相应立法宣布这一做法的合法性，并公开在全国推广，整个大不列颠的善良女士们也开始投入到教育及救助这些囚犯的工作中来。80 年过去了，她的改革措施几乎被整个文明社会所采纳。

一名英国男孩在街头不幸被汽车撞伤，动脉处的鲜血汩汩流出，正在周围人束手无策的时候，一个叫阿斯特里·库伯的小孩挺身而出，拿出他的手帕紧紧压迫伤口而止住了血。因为救了那个小男孩的命而受到的赞誉之声一直鼓舞着他，并最终使他成了一名当时最为优秀的外科医生。

“这位年轻外科医生的机会就这样来了。”阿诺德回忆着当年的那一幕，“经过漫长等待、耐心钻研和实践，阿斯特里迎来了第一次关键性的手术，因为那位伟大的老外科医生当时不在场，时间又非常紧迫，病人命悬一线，他真的能够面对这样紧急的情况吗？他真的能够代替那位伟大的老外科医生吗？他真的能行吗？如果他可以做到的话，他就是人们要找的医生。机会降临在他面前，是表现出无知与无能，还是迎接荣耀与财富的垂青？这只能由他自己决定。”

机会近在眼前，你准备好了吗？

詹姆斯·菲尔德讲述了这样一个故事：“一天，霍桑和朗费罗一同吃晚餐。霍桑带了一个来自塞勒姆的朋友。饭后这个朋友说：我一直在努力劝说霍桑写一部关于阿卡迪亚传说的著作，现在这个故事还没有写出来，这个故事是说，在阿卡迪亚人逃离的时候，一个女孩和她的心上人走散了，她花费了一生的时间等待和找寻她的心上人。她的努力终于感动了上天，命运安排了他们的再次相逢。然而，此时的他俩都已是白发苍苍，而且她的心上人已经躺在医院的病床上奄奄一息……朗费罗惊奇的是为什么霍桑没有被这样的故事所感动而写作一本书。于是，朗费罗问霍桑：‘如果你真决心不用这个故事做素材的话，你愿意让我借用它来写一首诗吗？’霍桑很快就答应了，而且还许诺在朗费罗写作成诗之前他不会以此为素材写小说。朗费罗抓住了机会，写出了闻名遐迩的《伊凡吉琳》，也即阿卡迪亚人的逃亡故事。”

只要你善于观察，你就会发现机遇无所不在；只要你善于聆听，你总会听到正在渴望帮助的人们的呼救声；只要你敞开心扉，你就会发现身边有很多值得付出努力的目标；只要你愿意伸出双手，你就会发现，有许多高尚的事业在等待着你去开创。

也许每一个人都注意到，把一块固体放入装满水的容器里，水就会溢出来。但却没有人能够充分地利用自己的知识去思考其中的奥秘，去知道浸在水中的物体的体积正好等于溢出的水的体积，可是，当阿基米德观察到这个现象的时候，他却经过思考找到了一种简便的方法来计算任何形状物体的体积。

人们都知道一个悬挂着的物体是很稳定的，当移动它的时候，它经常左右摆动，直到因为摩擦力和空气阻力的作用才逐渐回到原来的位置，可是，并没有人思考这种现象的重要实践价值是什么。然而，年少的伽利略，却在一个偶然的机会观察比萨教堂内悬挂着的吊灯时，发现钟摆来回摆动得相当有规律，由此得出了著名的钟摆定律。即使是在他入狱的时候，监狱的铁门也无法阻挡他的研究热情。他甚至用监狱中的稻草秆做实验材料，用以研究同样直径的实心管和空心管的强度是否相当。

许多年前，天文学家们就观察到土星周围有一些光环，并且认为这仅仅是行星形成过程中的一个例外情况。然而，拉普拉斯却认为这并不是一个例外，反而是难以觉察到的行星在形成过程中所保持的唯一可见的阶段。经过刻苦钻研，他最终证明了这一点，并在天文学领域里为研究行星的形成做出了巨大的贡献。

欧洲的水手们几乎都设想过，在大西洋之外可能存在大陆。然而，只有哥伦布勇敢地率领船队探索无边无垠的海洋，结果发现了新大陆。

曾经有无数个苹果从树上落到地上，也曾砸到很多人的头，这些苹果似乎在提醒人们这个现象很值得思考，但是，只有牛顿注意到了这一点，并且认真思考苹果落地的原因。最终他意识到，苹果之所以往下落而不是向上落，或者落在其他的方向上，与所有的行星都在各自轨道上运转，以及原子不断运动却从来不会发生碰撞的原因是一样的。

闪电一直那样耀眼，雷鸣一直那样震耳欲聋，但就是没有人思考闪电中是否存在巨大的能量。只有富兰克林注意到了闪电的价值，他做了一个极其简单的实验，从而向所有人证明了闪电虽然强大，但是就像广泛存在于宇宙之中的水和空气一样可以被人类控制。

这些伟人都被世人称道，其原因就是：他们将世人眼中相当普通、平常的事情变成了一个机会，从而取得了巨大成就。我们曾经读过很多伟人的事迹，并且为他们的美德所折服。所罗门王在很多年前说的那句话十分耐人寻味："你见过辛勤工作的人吗？这样的人应该与国王平起平坐。"一丝不苟做研究的富兰克林用他拼搏的一生对这句话做出了最好的诠释。事实上，富兰克林曾经与五位国王平起平坐，还与两位国王共进过晚餐。

那些善于抓住机会和利用机会为自己服务的人，其实就是为他们自己播撒了成功的种子，总有一天他们会收获丰硕的果实，并且为自己或者其他人提供更多的选择机会。每一个扎扎实实工作的人都在不断为人类的知识和舒适的生活添加新的内容，得以让更多的人受益。

道路的数量越来越多，范围越来越广，也越来越容易到达目的地，当然，这样的道路是向所有人敞开的，无论是清醒、勤俭和强壮的机械师，还是儒雅的年轻人，既包括审慎的公务员，也包括小心翼翼的公司职员。在这样的道路上，走向成功的可能性应该比历史上任何一个时期都要大得多。因为时代是逐渐进步的，世界是越来越文明的。比如说，以前社会上只有零星的几位专家，可是，现在各领域都有众多的专家和学者；以前很少出现大型贸易，现在它几乎成为社会经济发展的重要标志了。

"他是谁？"工作室里有个参观者这样问道。在罗马的众神当中，只有他的头发遮住了脸庞，他的脚上生有翅膀。"他是机会之神。"雕塑家这样答道。“为什么他要遮住脸呢？”“因为当机会降临的时候很少有人意识到他的存在。”“机会之神为什么脚上有翅膀呢？”“那是因为机遇转瞬即逝啊！一旦机遇从你的手中溜掉，再也别想抓住！”

一位拉丁作家曾经说：“机会的脸被头发所遮掩着，但是，机会的脑后没有长头发。如果你能够及时抓住机会前额上的头发，你就能够抓住机会。然而，如果机会挣脱逃跑了的话，即使朱庇特也无法再次抓住他。”

对于那些不会利用机会或者不能运用机会的人来说，什么是最好的机会呢？一位船长讲述道：“命运的安排让我那天晚上看到了行将沉没的‘中美洲号’。沉沉的夜色当中，海浪疯狂地翻腾咆哮。我向那艘破旧的汽船发信号，问他们是否需要帮助。‘我的船要沉了！’亨顿船长向我喊道。‘是否需要把你的乘客转移到我的船上来？’我向亨顿船长喊道。‘我们还挺得住，你明天早上再来帮我，行吗？’他高声回答。‘我尽量吧。可是你为什么不现在把乘客转移到我的船上呢？’我很不理解地问他。‘你还是明天早晨再来帮我吧！’他还是那样回答我。我曾经努力想靠近那艘船，但是，因为当时是晚上，伸手不见五指，巨浪翻滚，我无法保持我的位置。后来，我再也没有见到这艘‘中美洲号’。其实，就在亨顿船长与我对话后的一个半小时左右，那位船长和他的船员，以及所有的乘客便永远地沉入了海底，他们全都葬身于大海深处。”

亨顿船长没有抓住机会解救船上所有的人，直到机会已经无法企及的时候他才意识到它的重要性。然而，他们都失去了宝贵的生命，即使船长再自责也毫无意义了。他的盲目乐观和犹豫不决使那么多乘客成了牺牲品！事实上，在日常生活中，有很多像亨顿船长那样的人，他们在快乐的时刻极其脆弱、盲目，在命运的考验面前也显得非常软弱，往往在经历之后才会突然领悟到那句古老的格言的含义——机不可失，时不再来。然而，为时已晚。

这样的人总是在他们着手做的事情上，不能准确地把握时机，有时太早，而有时又太晚了。约翰·古夫曾经说：“这些人通常都有三只分开的手：一只是左手，一只是右手，还有一只是经常迟到的手。”在这些人还是孩童的时候，他们就经常迟到，从来都不及时做家庭作业或交报告，于是，他们逐渐养成了迟到的习惯。当需要他们对此承担责任的时候，他们才开始后悔。如果生命能够再来一次的话，让他们回到从前，他们就一定能够好好地抓住机会，大概也就不会是今天这个样子了。他们会记起，以前自己白白地浪费了很多可以致富的机会，或者白白丧失了很多可以弥补过失的机会，而现在却真是无法弥补了！他们只是想着在将来要如何改善自己的生活，完善自我的境况或者帮助他人实现梦想。然而，那些美丽的憧憬实现起来相当困难，因为他们无法看到此时此刻本应该抓住的机会。所以，他们永远都无法真正抓住机会和把握机会，更不会利用机会。

乔·斯托克是火车上的一名刹车手，铁路上的工作人员和所有乘客都非常喜爱他，因为他总是非常乐观，无论你询问他什么事情，他都非常愿意回答。但是，他却没有意识到一位刹车手真正的职责是什么。他总是非常懒散，还经常酗酒。当有人对他的行为表示不满的时候，他就一笑了之，并用平和的语调说：“谢谢你对我的关心，没什么的，我感觉挺好的，不用担心我。”他不仅态度很平和，而且还将他的错误轻描淡写地忽略掉了，就连质疑他的人也觉得自己有点小题大做了。一天晚上，车外狂风大作，他们的火车晚点了。乔不停地抱怨这样的天气给自己带来了很多不便之处，还不时地喝点酒。过了一段时间，他变得非常兴奋，又开始说说笑笑了。当时火车上的所有工作人员都保持着高度的警惕，集中精力注视着路面和天气情况。

就在火车行进到两个火车站点之间的时候，火车突然停了下来，原来是火车发动机的汽缸盖冻裂了。当时的情况非常危急，因为几分钟后就会有另一辆火车经过这条铁路。列车员迅速地跑到后车厢，告诉乔开红灯警示后面的火车离远一些。然而，这个刹车手却漫不经心地说：“不用急，急什么，等我把外衣穿上再说吧！”列车员非常严肃地说：“一分钟也不能耽误了，乔，快点儿！后面那辆火车马上就要到了！”

“好吧！”乔微笑地说。于是，列车员匆忙赶到发动机那里。但是刹车手还是没有立刻行动。他停下来穿上了自己的外衣，还喝了一口酒，以便使自己可以御寒。在做完了这些之后，他慢吞吞地拿起灯笼，一边吹着口哨，一边沿着火车道悠闲地踱步。

在他还没有走出十步远的时候，他就听到了那辆火车开来的声音。他拼命地跑向拐弯处，但是太迟了。就在那个恐怖的时刻，后面飞驰而来的火车重重地撞上了停着的火车，旅客们凄惨的呼喊声与蒸汽机的嘶鸣声交织在一起。

事故发生后，一些人想起乔的时候，却发现他失踪了。第二天，人们在一个谷仓中发现了乔。他发疯地向他脑海里假想的火车挥舞着那只熄灭的信号灯，喊道："嗨！看见我手中的这个了吗？"

人们把他带回了家，后来他又被送进了精神病院。在精神病院里，再也没有比"嗨！看见我手中的这个了吗？"更加凄惨的声音了，这位昔日的刹车手不停地喊着这句话。由于他懒散的习惯和放纵的行为，许多无辜的人失去了宝贵的生命。

"嗨！我知道了！"或者"嗨！我还没完事呢！"简单的几句话，往往让人不仅搭上了自己的生命，并且还酿成了终生无法挽回的过错。

阿尔弗德说过："我们一生之中，总会有些至关重要的时刻，我们应该给予足够的重视，它不是我们可以轻易把握的。然而，当这些重要的时刻降临在我们身上的时候，谁又能提示我们呢？"就其长短而言我们无法确定哪一段时间重要，并且有价值。仅仅因为一时的失误，看似短短的五分钟，就可能会失去一条无辜的生命。哪个时间重要、哪个时间不重要又有谁能分得清呢？

阿诺德说："所谓的转折点，其实就是过去逐渐积累起来的东西突然间爆发出来的时刻。任何偶然事件只对于那些学习过如何利用机会的人才有意义。"

我们的问题在于，总是一味地找寻那些所谓非常重要的机会，认为只有通过它才能发财致富或者成名成家。然而，我们都不理解爱默生提出的“肤浅的美国精神”的真正含义：我们想掌控一切，却不愿意从学徒做起；我们想获得知识，却不愿意努力学习；我们想发财致富，却不愿意付出辛苦的劳动。

年轻的先生女士们，为什么你们整天站在这里无所事事呢？难道是因为在你们降生前所有的机会都被别人瓜分完了吗？难道是我们赖以生存的地球停止生长了吗？难道是所有的职位都被他人占据了吗？难道是因为所有的资源都开发殆尽了吗？难道是大自然的所有奥秘都被人类所掌握了，而你又找不到、抓不住完善自我和造福他人的时刻吗？难道是由于社会上的竞争太残酷，从而使你无法获取正当的生计吗？你真的认为自己已经获得了这个进步的时代的生活馈赠，而将所有过去的经验收藏起来而丧失灵感，仅仅让自己像动物一样生存吗？

我们所生活的时代和国家处处充满了前所未有的知识和机遇。你可不要一味地双手合十祈求上天的恩赐，因为上天已给了你在世界上求生所需要的才智和力量。竞争愈演愈烈，任何人只要掌握了扎实的知识，拥有顽强的精神，就能够在社会上拥有一席之地。

实际上，世界上有数不清的工作等待着人类去完成，而人类的本性也是这样让人难以捉摸。常常是一句快乐的话语，或者一个看似微不足道的帮助，就能够警醒一个人，扫清其前进路上的障碍，为其走出困境提供帮助。要知道每个人都拥有着近乎相同的天赋——忠实、热忱与坚韧的品质。在我们的前方，无数伟人已为我们树立了鲜明生动的榜样与实例，我们可以从他们那里汲取丰富的经验，从而完善自我。既然如此，我们还在等什么呢？抓住我们身边的每一个机会，向更进一步的成功努力吧！

不要坐等机会的降临，而是要主动去争取。弗格森幼年时只是一个牧羊小子，要不是他借助一串玻璃珠计算星星的位置，他就不会成为著名的天文学家；还有乔治·斯蒂芬森，在一辆破旧的拉煤马车旁车厢的木板上，用粉笔拼写计算着数学公式，从而掌握了诸多的数学原理，为他个人后来发明蒸汽机奠定了坚实基础；拿破仑更是毋庸置疑的，无数次实现了逆境向顺境的转变，变不可能为可能。所有人类发展的带头者，无论何时，无论他们身处何地，总会把握机会，或者创造机会。上天只会把机会赐予有准备的人，只要我们勤奋努力，拼搏向上，上天就会赐予我们化腐朽为神奇的力量，让一个个平凡无奇的机会成为梦想的开端。

“人生犹如一条奔流不息的河流，不停地奔涌向前，直至到达生命的彼岸。没有了机遇，生命之舟便会停滞不前或者倾覆河底，要么抓住机遇乘风破浪，激流勇进，要么意志消沉，望洋兴叹。”

“机遇错过了就不会重来，只有牢牢地抓住它，幸运女神才会对你微笑，命运的使者才会为你指引一条光明之路。不要退却，即使你在恐惧之中；不可犹豫，即使安逸在诱惑着你。勇往直前，直到实现生命的目标。”

第二章

被需要的人

全世界都在呼唤，拯救我们的人在哪里？我们需要一个人，不要去远方寻找这个人，其实他近在咫尺，这个人就是你！就是我！就是我们身边的每一个人！……怎样让自我成为这个人？世上无难事，只怕有心人。

——大仲马

古雅典的第欧根尼大白天提着灯笼想找绝对诚实的人，却怎么也找不到。他在广场上高呼："听我说！"然而，当大群人聚集在他周围之时，他却轻蔑地说道："我招呼的是人，而不是动物。"

无论你将要涉足哪一门专业、哪一项工作，都会面临相同的要求标准：需要一个人！

我们需要的是一个不会失去自我个性的人，他要有坚持信念的勇气，即使全世界的人都肯定地说"是的"，他也敢于表达自己的观点说"不"。

尽管这个被需要的人可能受到某种强烈的目的支配，他也不会为了实现伟大的目的而放弃个人内在的修养。目的的实现可能让你看到了他某一方面的才能，可他不经意显露的另一方面的才能同样会让你觉得才华横溢。

这个被需要的人本身比他的职业重要，任何时候他都是出众的，因为在他看来，工作只是一种求生的手段，即使某些事物表面上与他现在工作挣钱毫不相干，但他看到的是职业上的自我发展，比如教育与文化、培训与技能、人性与人品等方面的培养。

很多人追求的是时代给予他们更多的机会，还有对人性本善的完美渴望。

这个被需要的人是有勇气的人，在本质上没有懦弱的表现。

不仅如此，其在心境上也是平稳镇定的，他不会抱怨自己天生不足的不利因素，而是尽力发挥个人的特长，丰富和完善自己。

这个被需要的人在个人发展上要求的是均衡的多方面发展，绝不希望将他的全部精力专注于某一偏门的专业，进而荒废了个人其他尚有潜力的才能。当然，要想多方面发展，目光要开阔，看问题要全面，如果是理论的研究，要注意理论联系实际，不要让一个来自日常生活的不起眼的实例冲垮自己的理论。所有这些都不是追求的最终目的，人的声名才是最重要的，那绝对是一生享用不尽的财富。

这个被需要的人绝不是麻木不仁的，他的内心充满了激情与活力，但这一切都是为了追求成功服务的，而所有这一切都是以个人的温良友善为前提。他是一个美的追求者，无论是自然的美景还是艺术的杰作，都会激发他对美的体会；他是一个鄙视丑陋行为的人，他尊重他人像尊重自己一样。

世界需要的是受过全面教育的人：要有敏感的神经，灵活、机智、丰富的头脑，麻利的手脚，敏锐独到的眼光，更重要的是要有善良、真诚、宽宏大量的心胸。

全世界都在找寻这样的人，尽管社会上有数以百万计的失业者，然而，在他们当中找不到完全合乎要求的人，无论走到哪里都会看到相同的招聘广告：“需要一个人。”

卢梭在其一篇著名的关于教育的文章中曾这样说道：“按照自然规律，人们生来就是平等的，他们共有的天职是他们人性的体现，可是一个人虽然受过良好教育，但当他失去人性的时候，他将不再能胜任他所承担的工作。无论我的学生是参军还是做了酒吧招待，我都无权干涉，那与我没有什么相干。你的个人本性早已决定了你在这个社会上的位置。如何在社会上生存是一种职业，当我在接触各色人时，无论他是士兵还是律师，在我眼里首先当他是一个‘人’。上天也许不经意间让你来到一个属于你的位置，其实这也是命中注定的。”

正如爱默生所说，特礼朗的提问依然是很重要的问题：此人富有吗？他忠心尽职吗？他的品性如何？个人具备哪一方面的才能？思想是否前卫？在社会上可是有权有势？就算这些条件他都具备，可无论他是谁，做人首要拥有的是好的人品人性，这一点也是被众人所认可的。

加菲尔德还是个孩子的时候，当有人问他将来想做什么，他这样答道："无论做什么，首先，我要做一个人，如果做人都不成功的话，那我将一事无成。"

蒙田曾说过，我们要做的不仅仅是培养一个人的思想，更不是培养一副躯壳，而是要培养出真正的人。

当今世界，无论男女，首先他要成为一个真正的人。社会的进步带来的是沉重的压力和负担，这样的环境，人们必须保持好的身体和超越动物的个人思想。

还有什么是比做一个思想活跃、体格健康、受人赞美的人更重要的呢？

每年有数以万计的毕业生从校园走入社会，学校的目标是把他们培养成意志坚定、有能力自食其力的人，让他们成为世界的成员，而不是仅仅像一株健壮的橡树。他们应该能够自食其力，他们应该身体强健而不是弱不禁风，他们不该靠别人吃饭而应自力更生。有人这样叹息道："这么多看着有潜力有希望的年轻人，怎么就没一个成事的呢！"

如果不能控制自己的情绪，在生活中不加约束，那么可能会影响身体健康。一个烦躁易怒、喜欢大喊大叫的人是不会具备一个身体健康、精力充沛、心情欢快的人所拥有的精力和体力的。人类天生所具有的追求完美的信念，会要求你在小有成绩之后向更高峰前进，对于缺陷和不足也存在一种天生的抵制情绪。可以说，人类的本性就是要求自己做到最好。

当你漫步在海边，常有海浪轻拂脚面，你稍加留意就会发现，一浪更比一浪高。可当一浪达到最高点之后，随之而来的却是退却后的少许平静；紧随而来的是更汹涌的波浪，然而与之相伴的依然是退却……如此周而复始，绵延不绝。这不正像是我们的社会竞争吗？也许有人天资占优，暂时处于前列，可他如果不努力，只是坐吃山空，过不了多久，总会被同行超越，这说明，人的本性是不会轻易放弃理想的，即使一个普通人也可能登临人类的巅峰。

古希腊著名的宫廷画师阿佩利斯曾在本国探寻多年，研究那些美女身上最漂亮的地方，通过综合她们最美的特点，这个人的眼睛、那个人的前额、另外一个人的鼻子，来画出最完美的人像。他曾以一幅完美的妇人像而享誉世界。这不正好给了你一个很好的启示吗：要想达到完美，你就要集他人的优点于一身，摒弃缺点和不足，不断学习和完善自我。这位画师发挥了个人的全部能量，从他的“美的采集”中我们可知他是一个以自我为中心，但却懂得均衡的人，并且有着很强的自控能力。他是如此敏感，以至与自然界的每一次微妙接触都能获得灵感。

朽木难成材，成功者的第一先决条件是要具备成材的必需素质。只有那些精挑细选的良木才会被制成桅杆，或是被拼装成钢琴，或是被雕刻成工艺品。时间和耐心才会让小树长大成材，因此，通过管教、实践，小孩子才能成为意志坚定、有道德、身体健康的人。

年轻人初涉世事，首先要学会做人。为人要言而有信，言出必行，诚实可信，有约必践。没有什么比你的名声更重要，“坏事无人知，冥冥有天察”。你要是能做到这些，也许你就会成为第二个乔治·皮博迪，金钱和名誉双丰收。

金钱与品德哪一个更重要？你虽有良田万顷，家财万贯，可你没有好的品行，听到控诉就手忙脚乱，心绪不宁，不敢将所作所为展示人前，那样你会快乐吗？还是做一个坦荡的人吧！坚决抵制那些假、恶、丑的不良诱惑，仰不愧于天，俯不怍于人，这才是真正的做人标准。

国何以为国？只要有高高的城墙、深深的护城河，有瞭望塔，有炮楼，有傲人的海陆空军就可称为国家吗？威廉·琼斯曾说过，真正的国家应是一个人人平等的社会，人人懂礼节有教养的社会，国民不仅明晓自己的权利，更加清楚自己的社会责任，它的存在和形成是毋庸置疑的，如果君王想破坏它，那他将被推翻。

既已在世为人，时代对你的要求是要有顽强的意志、灵活的思想、坚定的信仰以及求生的技能，最重要的是有坚定的信念，做到富贵不能淫，贫贱不能移，威武不能屈。

第三章
等待机会的男孩

贫穷有些可怕，甚至能扼杀我们的灵魂，但是，只要心存斗志，贫穷可以作为你向上的阶梯使你到达成功的顶峰。

——奥维达

贫穷是你的第六感。

——德国谚语

困难、窘境与灾祸并不一定都是坏事，或许这还是上天的恩赐。当你渡过难关之后将会获得经验和信心，帮你完成今后的人生之旅。

——夏普

要想得到社会的承认，首先要做的就是努力，那些成功者都是贫穷出身，靠自己的努力获取成功。

——塞思·洛

众所周知，卑微的地位往往可以激发你向上的斗志。

——莎士比亚

“我出身宫廷，”在丹麦的一次儿童聚会上，一个长相漂亮的小女孩傲气地说道，“我父亲是国会议员，官阶可高了，你要知道那些名字以‘森’结尾的家伙是没出息的，我从来不接近他们，你看我走路时叉着腰就是要让他们离我远点！”

“可是，我爸爸会买100元的糖果，然后分发给小朋友们，你爸爸行吗？”富商彼得森的女儿不服气地说道。

“这有什么！”一位报社编辑的女儿不以为意地插嘴说，“我老爸可以把你们的爸爸和别人的爸爸放在报纸上，所有的人都怕他，因为我爸爸可以利用报纸做任何事情。”

就在这时，没有人注意到一个男孩藏在门外，透过门缝观看着这一切。“噢！无论如何我也要成为他们中的一个。”他是跟随着一个厨师来到这里的，而这时厨师正在外面燃放烟花。男孩的父母身无分文，而且名字是以“森”结尾的。

多年以后，当年参加聚会的孩子们都已长大成人，一次偶然的机会他们又聚在了一起，为的是参观一座豪华的别墅。屋中摆满了各种各样精美绝伦而且价值不菲的珍品。赏玩结束以后他们见到了房屋的主人，谁也没有想到他就是当年那个躲在门外的男孩，当世著名的雕塑家托尔瓦德森。

这段故事摘自一个丹麦故事，据说是一个穷鞋匠的儿子所著。他名叫汉斯·克里斯汀·安徒生（森），他的名字当中也带有一个“森”，可是，这并没有妨碍他扬名于世。

这个可怜的男孩有一个酗酒的父亲，在别人看来子承父业是他最好的谋生之路。令人没有想到的是这个男孩后来成为了最有名的《圣经》学者之一，而他的第一部著作就是在他父亲的鞋铺里面完成的。

克利翁是一个希腊农奴，但他同时也是一个很具有审美天赋的人，他的作品时常发表在凯特·斐尔德的《华盛顿》上。他爱美如命，以美为神，对美的追求已达到如痴如醉的程度。然而就在波斯人侵入之后，他的国家颁布了这样一条法律：本国之内除了自由人以外，其他任何人不得展示个人的艺术作品，如有违反将被处以死刑。他却全然不以为意，就在法律颁布的同时，他刚刚参加了一个艺术群体，为的是有一天能接受大艺术家菲迪亚斯的指点，因为菲迪亚斯是当时著名的雕塑家，曾受到伯里克利的赞赏。

克利翁的妹妹克莱恩感受到了哥哥的压力，她常常这样祈祷：“万能的阿佛洛狄忒（爱与美的女神）！永远的女神！万能的宙斯！我的女王！我的女神！在众神的庇护下我得以存活到今日，我祈求众神稍加恩赐，对我的兄长加以庇护。”

她对她的哥哥说：“克利翁，你还是到咱们房子下面的地窖里去研究吧！那里虽然黑了点，但是，我给你点上蜡烛，给你送食物，继续你的研究吧！主会保佑你的！”

就在地窖里，克利翁继续着他的光荣但却带有危险性的工作，他的妹妹在门外为他站岗放哨。

与此同时，雅典城内举行了一次规模浩大的艺术作品展，展览在市中心举行，由伯里克利主持。在他的身旁围聚着社会名流阿斯帕齐娅、苏格拉底、索福克勒斯等人，所有的希腊人都聚集在这里等待观看这场别开生面的展览。

艺术大师的作品尽数在此得以展示，但是，有一个更加出众的展群，好似光明与艺术之神阿波罗亲临，吸引了所有人的注意，这些完美的创作让所有的艺术家赞叹不已。

“这是谁的作品啊？”展会的评委不断问道，但却没有人知道。“一件神秘之作，不会是农奴的作品吧？”就在人群喧闹不已时，一个漂亮的少女被硬生生地拖进了展会中心，她衣衫不整、头发凌乱、目光坚定、双唇紧闭。拖她的官员大声喊道：“我敢肯定这个女人知道雕塑是谁做的，可她就是不说。”

无论别人怎么问克莱恩，她始终保持沉默，因为她知道雕塑的作者将会受到什么样的惩罚，她紧闭着双唇。见此形势，伯里克利说道：“既然法律是无情的，我作为法律部长宣布，把这个女人带去地牢。”

在他传令的同时，一个长发飘逸但面容憔悴的年轻人冲进了场内。他的目光炯炯有神，闪烁着艺术之光，他马上站到伯里克利和那个女人的中间，说道：“敬爱的伯里克利，请饶恕这个女人，她是我的妹妹，我就是那个雕像的作者，作品全部出自我手，不过，我是一名奴隶。”

愤怒的人群狂躁地打断了他的话，并且高喊道：“给他判刑，把他送进地牢里。”可这时伯里克利从座位上站起，面对众人说道：“只要我活着，我是不会这样做的。请看他的作品，他的艺术完美性已超出了法律的界限，上天安排用他的手来使众神降临雅典。法律的最高目的是发展美的艺术，他的创造将美长久地延续。我要说的是他不会被送去地牢，年轻人请到我的身边来。”

就在这个广场上，阿斯帕齐娅作为群众的代表将一个橄榄枝花冠戴到了克利翁的头上，就在人群发出阵阵的喝彩时，她轻轻地亲吻了一下克利翁的妹妹，表示对她的敬佩。

雅典人为伊索竖立了一座雕像，他虽生来是一个奴隶，却受到全国乃至全世界人民的敬仰。在希腊，无论你是谁，只要在文学和艺术方面，或是在战争中为国家做出过显著的贡献，就可以获得丰厚的财富和不朽的声名。世界上没有任何一个国家像希腊这样鼓励人们去从事文学和艺术的创作。

“我出身贫穷，”英国副总统亨利·威尔逊这样回忆道，“当我还是个孩子的时候，我深深地体会过向母亲要一块面包而她什么也给不了的那种滋味。我10岁的时候离家外出打工当学徒，一直干了11年，在这期间我每年仅能接受一个月的学校教育，在学徒生涯结束以后我得到了一头牛和六只羊，卖掉它们我总共赚到了84块钱。我从来没有乱花自己打工挣来的钱，然而，就在我21岁那年，我用这些钱参加了一次长途旅行。这次长途跋涉让我了解了外面的世界，我决定放弃学徒生涯去外面的世界闯荡……接下来，我组织了一个伐木团队，来到森林当中砍伐松木。从太阳还没有出来我们就开始工作，一直干到太阳下山，一个月下来我挣到了6美元。当拿着这些钱的时候，我觉得每一块硬币都犹如当晚的圆月一样大，这让我高兴极了。”

威尔逊先生从不放弃每一次令他得以提高的机会。没有人像他这样会充分地利用空余时间。他惜时如金，不放过每一秒可用的时间，甚至在工作当中挤出时间来学习。他在21岁之前读过的书已达上千册，这对农场里的孩子来说是多么了不起的课程啊！他离开农场之后，步行来到麻省内蒂克，这次他足足走了100多里[1]，为的只是学习鞋匠的手艺。他还曾穿过波士顿去见识邦克山上的纪念碑以及其他一些历史遗址，整个旅程他节衣缩食总共只花了1美元6美分。接下来的一年里他大有发展，成为内蒂克一个辩论俱乐部的带头人。随后的8年里他多次发表以反对农奴制为主题的演说，并进入马萨诸塞州的立法机关工作。又过了4年，他成为国会议员。对他来说每一次机会都是一个伟大的时刻，他珍惜生命当中的每一次机会，并充分地利用它们获得最后的成功。

“没我的话不要到那艘破船那儿去，衣服穿得规整些，霍勒斯！”霍勒斯·格里利低头看了一下他的衣服，在这之前，他从没有觉得自己的穿着有什么不妥，所以，他回答道：“你知道的，斯特雷特先生，我父亲初来乍到，我

[1]　1英里约等于1,609.34米。——编者注

想尽我的所能来帮助他。”他在7个月里花掉6美元，但是，因为他在伊利公报做了一份替补工作，所以他将获得135美元。然而，他只留了15美元，其余的都给了他的父亲，因为他知道父亲的苦衷，他父亲带着他从佛蒙特州来到美国西部的宾夕法尼亚州，为了他，父亲经常夜宿在羊圈，防止羊群遭受狼群的袭击。他20岁那一年，尽管个子很高却显得很笨拙，一副苍白的面孔，留着微黄的长发，说话还带有颤音。这副姿态的他只身来到纽约，开始了他的创业历程。他肩头扛着一条木棍，上面挑着他的一包衣服，步行了60里穿过森林来到了布法罗，随着一个驼队来到奥尔巴尼，坐客船穿越哈得孙河，在1831年8月18日的清晨，他终于到达了他梦寐以求的目的地——纽约。

他以每周2.5美元的价格在一个酒吧间里面找到了住的地方。他的旅程长达600英里但却只花费了5美元。接下来的数天里他在城市的街头巷尾转来转去，不时地走进店铺询问着：“你们招人吗？”但得到的回答是一样的：“不，我们不要人。”他的这种表现使很多人觉得他是逃工的学徒。然而，后来却发生了这样一件事：那是一个星期天，就在他的住处，他听说西部的印刷公司正在招聘印刷工人。第二天，他5点钟就早早起床，7点钟来到了招聘处询问负责人是否招人。他们负责印刷的多语译著当时正需要人手，但负责人怀疑这个农村来的生手是否能胜任这项工作。负责人当时没有答复，只是说道：“嘿，拿份活来给他做，看看他行不行。”就在他出色地完成给他的工作之后，印刷业主恰巧走了进来，他让负责人拒绝了霍勒斯的应聘。那天晚上回到住处的霍勒斯并没有因为白天发生的一切而感到不快。相反，他的心情十分畅快，因为他完成的工作已经充分地证明了他的个人能力，为他的今后奋斗增添了信心。

在接下来的十年里，他不仅创办了属于自己的印刷公司，而且创办了美国最畅销的周刊《纽约客》，尽管利润微薄。1840年哈里森被提名为总统的那一年，霍勒斯创办了《小木屋》，达到当时不可思议的9万份日销售量，然而，每份的利润仅有 1 便士。在这之后他又创办了每份 1 美分的《纽约论坛报》。为了使报纸得以发行，他筹借了 1000 美元，首次发行就印刷了 5000 份。万事开头难，起初报纸只有 600 户订阅者，发行不是很顺利。可谁也没有想到在短短的六个星期之内，报纸的订阅量就达到了 11000 份，并且还在迅速地增加，让人感觉现有的印刷工具已经无法满足订阅者的需求，《纽约论坛报》绝对是一份大受欢迎的报纸。

詹姆斯·戈登·贝内特起初为人所知的身份只是一个印刷机构的编辑，他于 1825 年创办的《纽约邮报》以及 1832 年创办的《环球报》，还有后来的《宾夕法尼亚人报》都以失败而告终。当时的他所剩只有几百美元，而这些就是他 14 年辛苦创业的结果。在 1835 年他邀请霍勒斯·格里利来加盟创办新的日报名曰《纽约先驱报》，当时的霍勒斯推荐了两名年轻的印刷工给贝内特，这三个人在 1835 年 5 月 6 日开始了《纽约先驱报》的创办工作。当时，他们拥有的资金只够维持 10 天的运作。谁也想不到这份报纸的编辑、定稿是在地下室里面完成的。那是贝内特在华尔街租的一间地下室，那里只有一把椅子和一张桌子，而桌子腿不过是两个大木桶，在这之前所有的日报都是以团体的名义发行的。在这样简陋的环境里，一份著名的报纸诞生了。年轻的人们为了实现他们的目标而不懈努力着，他们收集信息编辑社会趣事，并不断地扩大信息的收集范围，慢慢地他们的报纸因为报道信息快速、完整、准确而在同行中卓然领先。在获取信息方面他们不惜花费人力和物力，力求满足大众的需求。虽然这是一份日进斗金的工作，他们现在做得很好，可读者的口味是永远得不到满足的，除非有一天被其他报纸所取代。所以他们不遗余力地关注大众的兴趣和信息的真实性，为此不惜花费巨资。当然，办报的过程也不是那么一帆风顺的，起步阶段也是困难重重。但是，当那栋当时气势恢宏的新闻办公大楼在纽约百老汇的繁华地带落成的时候，《纽约先驱报》在报业中不可动摇的地位也就已经形成了。

当我们走进乔治·蔡尔德在费城的办公室时，首先映入眼帘的就是墙上的一条格言，那也是激励一个不名一文的男孩最终出人头地的信条：“当你一无所有的时候，唯一的选择就是拼搏进取。”在年轻的时候，蔡尔德就期望办《费城纪事》报，并且拥有出版报纸的办公大楼。但是，一个每周只赚2美元的穷孩子怎样才能办成那么著名的报纸呢？所幸他意志坚定，孜孜不倦地为了他的梦想努力拼搏着。他在一家书店做会计，积攒了几百美元，随后，用这些钱做出版事业。他是从出版图书做起的，由于他出版的图书视角独特、内容新颖，很快就获得了很好的销路。由他编辑出版的《凯恩的北极远征》在当时非常畅销。他秉持着对吸引公众注意力图书的高度敏感性，最终，事业蒸蒸日上，获得了巨大的成功。

当时，《费城纪事》这份报纸每天都在赔钱，他还是不顾朋友们的劝说，毅然决定在1864年买下这家报社，实现了他童年的梦想。他做的第一件事就是将订购这份报纸的价格提高了一倍，同时缩减广告的版面，这样一来，《费城纪事》就靠着丰富的新闻内容和贴近实际的新闻评论逐渐地吸引了公众的注意力。在蔡尔德的不懈努力下，这家报纸最终得以起死回生，他的事业也变得更加繁荣兴旺。几年之后，这份报纸的年收入达到14万美元，迅速成为美国新闻界的佼佼者。蔡尔德坚守自己的原则，不管同行如何削减雇员的工资，他从来都不会那么做。

在里昂举行的一次宴会上，发生了一场关于一幅画卷神秘历史背景的争论，争论愈演愈烈，宴会主人转身要求一名侍者来解释这幅画卷所藏的谜团。令众位嘉宾吃惊不已的是，侍者那简短而清晰的解释很快为这场争论画上了圆满的句号。辩论停止了，所有的人都对此心悦诚服。

“你是哪个学校毕业的，先生？”一位宾客这样问道，对侍者很是尊敬。“我读过很多学校，先生，”服务员答道，“学习时间最长、获益最深的学校是我亲身的逆境遭遇。”当时的逆境令他受益匪浅，尽管他只是一名侍者，但是很快就因出众的写作天赋使让 – 雅克·卢梭的名字在欧洲妇孺皆知。

普拉特·斯宾塞由于家庭贫困，只好光着脚走路，更别说买练习书法用的纸张了。然而，凭借刚毅的性格和艺术天赋以及伊利湖光滑的沙滩——大自然赋予他的最好的书写纸，坚持练习书法，后来他终于成为美国著名的书法家。他还创造了斯宾塞式书写体系，并坚持着他的基本原则，这个原则使生动的书法艺术成为生活的精美写照。

有 8 年犁地经历的威廉·科贝特只身到伦敦闯荡。他先是以抄写法律报纸为生，干了八九个月，然后加入了一个步兵团。当兵的第一年，他加入了查塔姆的一所流动图书馆，为的是尽阅其书，从此开始了他的学习生涯。

“当我还是一个一天只有 6 便士的士兵时，我就开始学习语法。我经常在卧铺和临时铺边坐下来学习。我的背包就是我的书箱，膝盖上放块木板就可以写字，所有的物品都是临时性的。我可没钱买灯烛用具，冬天里我只有坐在火边才能借用亮光，当然只有轮到我放哨时才可以。为了买纸和笔我只能从食物里节省，甚至经常处于半挨饿的状态。军队生活中很难说有片刻的时间是绝对属于我个人支配的，我们十人同处一寝室，我总是在他人谈笑、哼唱或是吵闹之时学习。我常常为买纸笔所要花费的 4 便士而细心筹划，这对于我来说，可是一个大数目。当时我身高体壮，而我要从每周的伙食费里节省 2 便士。我记得而且会永远记得有这样一次：在支付了所有的必需花费之后，我省下了半便士！那本来是用来买早餐红烧鲱鱼的钱。你知道，一天的饥饿是多么的难以忍受！可是，当晚我脱衣上床时，却吃惊地发现我的那半个便士不见了，天啊，我找遍了床底和盖毯下每一个角落，可就是找不到，最后我像个孩子一样号啕大哭了起来，就为了那半便士！”

但是，科贝特并没有因此而气馁和懈怠，相反，贫困和逆境倒成为他获取知识的动力、成功向上的阶梯。他曾说：“在这样的环境下，我都可以克服困难并取得成功，那么在全世界的范围之内，我敢说，再也没有任何一个年轻人可以为他无所作为找到借口。”

英国化学家汉弗莱·戴维一生受教育的机会很是有限，然而，他追求知识的恒心却令人钦佩。当他还在一家药店学徒时，他就边做边学，利用店中的平底锅、细颈瓶和其他各种瓶子在药店阁楼里做实验。

瑟罗·威德评论道：“很多农民的儿子都是从劳动中使个人的思想境界得以提高，可以说，我也是如此。晚上，我看守烧水的炉火，不时添煤保持炉火兴旺。与此同时，会越来越有精神，心神开始集中。白天里烧火的桐油松木已经伐好，它燃烧所发出的亮光就这样伴我度过了每个畅快的读书之夜。通过这样的读书方式，我知道了法国大革命，对其历史有了更深层的了解，明白了它为何会成为人们尊重和纪念的对象，并且从以后的学习中了解了更多的国家大事和人物。对于我来说，能从凯斯先生那里借到书来读是一件十足的高兴事儿，即使我每次需要光脚穿过两英里的雪地，只裹几片破布护脚。”

“明天我能放个假吗？”8 月的一天下午，西奥多·帕克这样向他的父亲问道。这样的问话让他的父亲很是吃惊，因为当时正是繁忙的日子。然而，从小儿子那焦急的表情中他料到西奥多一定有什么不寻常的事要做，于是答应了他的请求。西奥多第二天起得很早，他只身步行 10 英里来到哈佛大学，去参加在那里举行的入学考试。由于家庭条件限制，他从 8 岁开始就没能像其他孩子一样好好地定期去上学。但是，他总是抓紧时间学习，每年冬天都要设法挤出 3 个月的时间去学习，无论是在拉犁还是干其他的活，你总是会看到他一边工作一边复习功课。他一有时间就用来读书，而这些书都是他借来的。如果有书他借不来，可是又觉得书中的内容十分重要，是他必须学到的，他就会在炎热的夏天起大早去摘下一筐筐的草莓，然后拿到波士顿的集市上去卖，再用卖草莓的钱来买那本渴望已久的书。

“做得好，我的孩子！”当他的儿子很晚回家，通报自己的考试成绩时，这位水车工高兴地称赞，“可是，西奥多！我可没钱供你去那儿读书！”“实际上我不会待在那里读书的，”西奥多轻松地说，“我就在家里学，利用那些零散的时间去学，然后，准备期末考试，只要我通过了期末考试就可以拿到我的毕业证了。”他果然是这样做的，他在哈佛只读了两年，这期间他还尝试从教赚钱，并用赚来的钱去交学费。最终，他从哈佛光荣毕业了。多年以后，走向社会的他成为许多当时的社会名流值得信赖的朋友和咨询顾问，如加里森、蔡斯、霍锐斯曼恩、西华德还有温尔菲利普等。他在民众的心中有着难以估量的影响。对他来说，偶尔回忆起当年在列克顿的奋斗历程总会让他倍感快乐。

艾利胡·贝利特回忆说：“我一生中最令我感到骄傲的一刻就是我明白了荷马的《伊利亚特》前15行的含义。”当他只有16岁时，他的父亲逝世了，为了生计他来到新不列颠的一个铁匠铺做起了学徒。他在锻造车间每天要干10至12小时。一边拉风箱，他还一边在脑中演算数学难题。伍斯特大学保存有他的一份日志。无论他到哪里，图书馆是他要拜访的第一站。日志内容如下：6月18日，周一，头痛，40页居维叶的《地球理论》，64页法语，11个小时的锻造。6月19日，周二，60行希伯来语，30行丹麦语，10行吉卜赛语，9行波兰语，15个星座名称，然后是10个小时的铁匠铺工作。6月20日，周三，25行希伯来语，8行叙利亚语，然后是11个小时的铁匠铺工作。他一生中共掌握了18种外语，还有32种方言土语。他因博学而受到人们的尊崇，人们亲切地称他为“博学的小铁匠”，同时对其在人文科学方面的贡献也是赞不绝口。爱德华·埃弗里特曾就他的学习方式这样称赞道：“他能用如此方式取得这样的成绩，这难道不足以让那些有机会接受教育却不知把握的家伙脸红吗？”

光脚的克里斯蒂·尼尔森远在瑞典，但她却以她那优美的歌声和罕见的女性风范赢得了全世界的称颂和赞誉。

塔马格博士曾这样对年轻人说：“谈及逆境这个话题，我们可以拿过去的一些成功者为例，那些摆脱逆境最终获取成功的人，现在有的是我们国家的百万富翁，有的是演说家，还有诗人、歌唱家、慈善家等。可你不难发现，就在他们发家成名之前，所处的环境和你们现在的环境没什么两样，条件也不比你们优越，而他们却勇往直前地取得了成功，为什么会这样呢？你可能会说自己准备不足，或是缺少资本。年轻人，你的这些借口真是好笑！你不妨去一下图书馆，找本生物书来研读一下。如果还不行，那就请专业的教授给你讲解一下，你的眼耳口鼻手脚都是做什么的、都能做点什么。等你都了解了，我想你就再也不会说自己缺少做事的资本了！准备好了吗？要知道，那些积极上进，出身贫困，看似没有资本的年轻人往往是上天垂青的对象。”

一个报童要想获得成功和尊敬可能是常人难以想象的，而爱迪生当年仅以卖报为生，在别人看来他获取成功的机会更是微乎其微。然而，就是这位报童，不仅超越众人，而且成为引领这一大洲的工业革新的先驱。当时，他在皇家铁路局卖报，只有 15 岁的他对化学产生了浓厚兴趣，并且筹建了自己的实验室。有一天他在做一个神秘的实验，而火车进站的轰鸣声影响了他的实验，硫酸瓶爆炸了！流出的液体发生了一系列化学反应，并伴有强烈的难闻的气味。一向隐忍不言的站长，这次丝毫不听爱迪生的解释，将他赶出了车站，这个过程中，气到极点的站长挥手给了爱迪生一个耳光，导致他的右耳失聪！

爱迪生经历了一个又一个危险场面，并从中收获良多，他一生以发明众多而扬名于世，并最终登上了世界科学的巅峰。当有人问及他的成功秘诀时，他说他是没有其他爱好的人，对什么事好像都没有热情，可是一工作起来他就完全变成了另一个人，这就是他的成功秘诀。

丹尼尔·曼宁曾任克里夫兰公司的首席销售经理，之后任财政部秘书长。可在他成名之后人们才知道他当初是以卖报起家的，拥有同样经历的还有大名鼎鼎的索罗·威德、大卫·希尔等人。这样看来，纽约似乎是一个善于出产报童出身的企业家的城市。

当两个学历不高的无名青年在波士顿一家便宜的公寓里相遇后，他们共同的目标使他们走在了一起，他们要挑战在本国已根深蒂固的并且写入立法的一项传统。在其他人看来，他们的行为让人觉得可笑，因为此传统深受学者、教会以及富豪和国家的贵族名流支持，他们这样做等于是向整个国家和社会提出了挑战！他们会有机会吗？可他们内心坚定，信心十足。其中的本杰明·伦迪已在美国的俄亥俄州创办了一家名为“自由解放天才报”的报社。每月他都要从打印室把所有要卖的报纸一步一步地扛回家里，为了增加报纸的订购和销售，他还只身步行到400多英里以外的田纳西州。这样看来，他可绝不是一个一般的年轻人！

和威廉·劳埃德·加里森一起，他继续在巴尔的摩从事自己的工作。他所见到的一切进一步激起了他原有的工作热情：主街道上长长的农奴围栏；随处可见的骨肉分离，目睹自己的亲人被送去南方港口的悲切情景；自己的土地被拍卖的那些撕心裂肺的场面，那些场面他永远不会忘记。当他还是个孩子的时候，他的母亲因为太穷而没钱送他去上学，可她总是教导他要反对压迫，等他真的长大了，他下定决心用自己的一生来为这些可怜的穷苦人争取自由。

加里森在他第一期发行的报纸中极力倡导一场迫在眉睫的解放运动，并且号召全社会行动起来，支持他的做法。文章发表后不久，他被捕入狱。而就在此时，加里森远在北方的一位贵族朋友约翰·G.惠蒂尔了解此事之后，深为文章内容所感动，他决定出钱来资助加里森。他先是写信给当时的美国农奴运动协调负责人亨利·克莱，请求释放加里森，并愿为他支付罚金。在经历了49天的关押之后，加里森被释放了。美国废奴运动领袖、演说家温德尔·菲力普斯在说到他时曾这样说：“他在24岁就因自己的主张而被送进了监狱，可以说他在年轻时就开始了与国家的对峙。”

当时身在波士顿的加里森既无朋友又无社会影响，入不敷出的他在租用的阁楼里创办了《解放者报》。这个在别人看来不会成功的年轻人，在发报的开篇就向世人表明他办报的决心：“我将尽我所能向您展示当今社会残酷的现实，揭露事件的真相。而我将一如既往地做下去，绝不以任何借口使用模棱两可的话隐瞒真相。我绝不会退缩，我就是想让所有的人都知道事实的真相。”多么大胆的年轻人，他要征服的是全世界！

南卡罗来纳州的罗伯特·海恩写信给波士顿的市长奥蒂斯，告诉市长有人送了他一份《解放者报》，他希望知道此报的出版者是谁。奥蒂斯很快给他回复：“出版者是一个穷小子，躲在一所不起眼的地洞里印的这些没用的东西，只有少数人爱看他的报，没什么影响！”

然而，就是这个年轻人，吃、睡、印刷都在那个不起眼的“地洞”里，让更多的人开始了对被压迫者的关注。随着影响力的日益扩大，一些社会高层开始注意他。南卡罗来纳州的治安联合会曾出价 1500 美元来阻止《解放者报》的发行，并通缉加里森。更有甚者，有几个州长明码标价要他的命，而佐治亚州的立法机关悬赏 5000 美元通缉和举报加里森。

加里森和他的助手们到处受责难。在伊利诺伊州，一名支持他的牧师洛维约尔，就是为了阻止黑手党对印刷车间的破坏，被残酷杀害。事件发生后，美国的富豪、贵族、权势高层相约聚集在“美国解放运动的发源地”——马萨诸塞，齐声反对废奴主义。本只是个观众的一位年轻律师被邀上台，他的发言是你在法尼尔厅都没有听过的，完全出乎组织者的意料！温德尔·菲力普斯这样说道：“当我听说在座的各位将杀害洛维约尔的凶手与我们尊敬的奥蒂丝、汉考克、昆西、亚当斯等人相提并论时，我马上想到，这些前辈在天堂也会大声咒骂美国人的懦弱和无耻。其实，死者曾经所表达的态度和意见与在我们这片神圣国土上立下汗马功劳的爱国者以及清教徒的祈祷是一样的。逝者已矣，让他安息吧！”

整个国家都沸腾了。

在北部的前卫者们和南方的骑士之间的斗争是漫长而残酷的。斗争的冲击波甚至影响到了远方的加利福尼亚州。内战的爆发标志着对抗已经达到了极点。经过35年的不懈斗争，战争结束之时，加里森被总统林肯邀请去参加在萨姆特堡举行的军人授衔仪式。一位被解放的农奴首先致欢迎词，深怀敬意的两个农奴的女儿为加里森献上了一个美丽的花环。

也就是在这个时候，从伦敦传来了理查德·科布登去世的消息，他也是反压迫运动的有力支持者。

他的父亲死得早，留下了九个孩子。有时候，他们为邻居看羊混点吃喝。直到10岁，科布登才有机会去上学。他先进入的是一所寄宿学校，在那儿他受尽虐待，常常挨饿，而且每三个月才允许给家里写一次信。15岁时，他去伦敦舅舅的商店里做了一名会计。他在深夜其他人入睡后开始学习，他还早起学习法语。不久，他在娱乐活动中作为一名旅行推销员而声名大噪。

他曾拜访并号召约翰·布莱特协助他一起对抗可恶的谷物法，因为这一法规让穷人食不果腹，让富人不劳而获、坐享其成。这时的布莱特刚失去妻子，正沉浸在丧妻之痛中。理查德·科布登对他说："此时的英格兰有成千上万的家庭，他们的妻儿父母死于饥荒。我想跟你说的是，在悲痛过后，我希望你能和我一起来争取废除谷物法。"科布登实在不忍看到可怜农民的粮食在海关被拦截，还要向领主和农场主缴纳税金，他全身心地投入这场对抗谷物法的革新运动中。他觉得："这不是某一个政党的问题，所有的政党都应该联合在一起反抗谷物法。这是一个吃饭的问题，是数以百万计的劳动者和贵族之间的问题。"他们组织了"反谷物法联合会"，他们的做法和主张得到了爱尔兰人民的支持，因为那里也遭受了同样的饥荒；最终他们的努力有了效果，谷物法于1846年被正式废除。布莱特曾这样感慨地说："在英格兰每一个穷人家里，他们现有的吃食都可以说是理查德·科布登争取的成果。"

约翰·布莱特是一位穷苦工人的儿子，在那个年代，高等学府的大门是不会对他这种身份的人敞开的，而他作为一名教友会教徒，却对成千上万在谷物法下忍饥挨饿的人产生了同情。在可怕的饥荒期间，有200万爱尔兰人丧生，面对这样的现实，他在对抗英格兰所有的贵族中发挥了绝无仅有的作用。整个国家的贵族社会都因他那不可战胜的逻辑推理、雄辩的口才以及领袖的气魄而惶恐不安。可以说除了科布登，布莱特是对劳动者做出最大贡献的人。

在伦敦的一个马厩里住着一位叫迈克尔·法拉第的穷小子，他总是拿着大堆的报纸为客户送报，每份 1 便士。他曾在装订商和书商的手下当了 7 年的学徒。有一次，当他在为《大英百科全书》打包时，书中关于电学的内容引起了他的注意，让他着迷，不一口气读完就无法罢休。他在收集了药水瓶、旧盘子和一些简单的工具之后就开始了他的实验历程。其中有一个客户对这个男孩产生了兴趣，他带法拉第去听汉弗莱·戴维爵士的化学讲座。在这之后，法拉第鼓起勇气写信给这位伟大的科学家，并寄去了他个人的听课笔记，希望得到指点。令他没有想到的是，就在写信之后不久的一个傍晚，汉弗莱·戴维爵士的马车停在了他那简陋的住房前，车上下来的人递给他一张请柬，邀请他第二天早晨去爵士家做客。这是法拉第没有想到的，他为此激动万分。第二天他如约进行了拜访。他参观了爵士的实验室和化学仪器，并且仔细观察学习戴维爵士的每一个动作。戴维爵士还展示了他关于安全灯的实验。经过了一番努力的学习和实验，不久之后，看似缺少机会的法拉第被邀请去参加一次学者的聚会并进行演讲。

法拉第曾就任沃尔里奇皇家学院的教授，可以说他是当代科学的精英人才。英国物理学家廷德尔在谈及法拉第时说："他是当今世界上最了不起的科学家。"当汉弗莱·戴维爵士被问及什么是他最伟大的发现时，他的回答十分肯定："迈克尔·法拉第。"

"别人能做的你也可以做。"这是另一个为自己争取机会的男孩说的。他的名字叫迪斯雷利，即后来的比肯斯菲尔德的领主，英格兰的首相。他曾这样表示："我不是奴隶，也不是俘虏，我有我的自由，只要我活着，我可以克服任何的困难。"他成功的道路上困难重重，然而，这位年轻人却从不退缩，他以约瑟夫为榜样，此人曾在4000年前就任埃及的首相；这样的榜样还有丹尼尔，他是公元前5世纪的君主制时期的英国首相。他艰难地从底层起步，慢慢地成为中层、高层，最后进入上流社会，站在了政治与社会权力的顶峰。在下议院里面对众多的嘲讽和奚落，他毅然决然地表示："总有一天，我会让你们听我的。"他的确做到了，这个当初被人蔑视，但拥有坚强意志的男孩后来在英国掌权了整整25年之久。

亨利·克莱做过磨坊小工，他是一个寡妇的七个孩子之一，因为家中贫困，他只能去一所普通的乡村学校就读，在那里他只学到了简单的阅读、写作、算术技能。但是，他却利用业余时间自学，多年后，他成为白手起家之人中的佼佼者。谁也不会想到，这个曾经在牲口棚里练习发音和朗读的小伙子，后来竟成为美国伟大的演讲家和政治家。

再来看看开普勒是如何与艰难困苦做斗争的吧。在政府的命令下，他的书被当众烧毁，他的图书室也被查封，就连他本人也受到公众的驱逐。所有发生的这一切都是因为在近17年的时间里，他一直力图向世人证明，每个行星都在一个椭圆形的轨道上绕太阳运转，而太阳位于这个椭圆轨道的一个焦点上。行星运行离太阳越近则运行就越快，行星的速度以这样的方式变化：行星与太阳之间的连线在相等时间内扫过的面积相等。行星距离太阳越远，它的运转周期越长。运转周期的平方与到太阳之间距离的立方成正比。这个坚持不懈的男孩最终成为世界上最伟大的天文学家之一。

大仲马说过："当我知道我是黑人的时候，我决心像白人一样去生活，我要让所有人知道肤色并不能证明我比他们差。"

作为英格兰著名的铁匠艺术家的詹姆斯·夏普利斯，他当初看起来也没什么成功的机会。他没有钱，所以经常3点起床去抄写他买不起的书。他要步行18英里路程到曼彻斯特去上工，只有在干完了一天的活之后，他才有时间去买他所需要的东西—— 价值1先令的艺术材料。在铁匠铺里他总是抢着干最重的活儿，因为只有这样他才有更多的时间待在锻造房里，利用温暖的环境来学习。人们经常见到他倚墙读书的身影。能利用的时间他绝不浪费。他利用五年时间完成了一份精彩的作品“锻造”，这绝对是靠他业余时间的投入才成功的，你可以在许多人那里看到这一作品的仿品。

当年轻上进的伽利略被他的父母强迫去读医学院时，他又是如何努力争取，成为后来人人敬仰的物理和天文学家的呢？当威尼斯陷入沉静的夜色之时，伽利略站在圣马克教堂的塔顶，用他亲手制作的望远镜对太空进行观察，先后发现了环绕木星的几颗卫星，以及金星不同阶段的盈亏现象。他的“日心说”理论提出来时，被认定是异端邪说，来自各方的压力和威胁试图使他放弃这一说法。然而，这个 70 多岁的老人始终坚持着没有放弃。当他被送进监狱时，他依然不以为意：“你们把我抓了起来，可地球还是在围着太阳转，这是谁也改变不了的现实。”即使在狱中，他的科学研究也从未间断过，他用一个吸管证明了同一型号的空心管在强度上要大于实心管。这是多么伟大而值得学习的榜样，就是在他晚年双目失明之后，他依然不停地进行着科学研究。

任何人都想象不出，当一位默默无闻的小伙子给英国皇家学会呈上他的星际发现报告时，所有的知名专家为之惊叹的情景。赫歇尔发现了佐治亚行星及其运行轨道和运动规律，还有土星外围的星云和多颗行星。这位不被人注意的小伙子平时以演奏双簧管为生，让人没有想到的是他自制了用以观察天象的望远镜，在他的不懈努力之下，他发现了那些拥有当时最尖端装备的天文学家所没有掌握的事实。为观察一个天象，发现一个事实，他磨碎了 200 个反光镜！

乔治·斯蒂芬森的父母有八个孩子，因为太穷，全家人住在一间屋里。为了生计，乔治为邻居看护牛群，只能抽出空余时间来制作发动机。17 岁时，他制作了一台发动机，由他父亲做司炉工。所有的知识都来自日常的观察和实践，他一天书也没念过，连机器上的标记符号和说明也看不懂，但是，他对自己很有信心，从没放弃过。当其他的工友休息或是在酒吧间怠工放松的时候，他却在抓紧时间学习。他把机器一片一片拆开洗净，然后进行研究。当他改造的发动机呈现在世人面前，获得巨大成功之时，那些过去的工友称他是一个幸运儿，然而，只要细心回忆一下他的成功经历，就可以确认，这是他个人不懈奋斗的结果。

虽然没有诱人的面庞和出众的身姿，但是夏洛特·库诗曼还是下定决心成为一个出色的女明星，与她境遇相同的还有罗莎·琳德和奎因·凯瑟琳。这些女明星在成名之前还不具备表演才能，就拿库诗曼来说，她一开始只是一名替补的小工。可就在她得到机会演出的那一夜，她那优雅的笑容吸引了观众的心。尽管在这之前她无钱无名无势，但伦敦大剧院的个人演出结束之后，她声名鹊起，让一切发生了改变。几年以后，当内科医生对她说她得了一种不治之症的时候，她没有丝毫的畏惧，而是很平静地说道：“没什么，我已学会了伴着麻烦过日子。”

山姆·丘纳德是格拉斯哥的一名苏格兰男孩，他的过人之处就在于他切削和构造的本领。凭借他那聪明的头脑和一把普通的折刀，他曾摆弄出很多种稀奇的玩意儿，然而，这些东西并没有给他带来任何名利。直到伯恩斯和麦基公司了解到他并对他的发明产生了兴趣，希望开发他的设备用来传递国外邮件。英国丘纳德航运公司所开发的第一艘汽艇就是他制造的产品，很快这一样式就被众多公司所采用和模仿，成为当今豪华轮船的标准模板。

科尼利尔斯·范德比尔特是美国著名的金融家，但是很少有人知道他在校学习的状况。刚入学时，新圣经书和拼读课本就是他的全部教材，就用这些他学会了基本的读、写和运算知识。他曾梦想买一艘小艇，做一番自己想做的事业，但是一直苦于没有钱。为了让自己的儿子先放下这一不切实际的想法，安心做事，他的母亲向他许诺，在自家的耕地中有一块大约 10 英亩的杂乱荒地，如果他能潜心耕种，细致运作，并且能在他 27 岁生日之前将其完成的话，她可以给他想要的钱。经过一番辛勤的劳作，在约定的日期到来之前，他出色地完成了那块田地的耕作。就在他 27 岁生日的那天，他买到了那艘梦寐以求的小艇，但不幸的是，在回家的路上，经过浅水湾时，小艇撞到一艘多年前的沉船之后沉没了。

科尼利尔斯·范德比尔特可不是一个轻言放弃的人。就在沉船之后，他没有沉沦，而是继续着他的创业。他只用了三年的时间就为自己积攒了 3000 美元的资金。为了赚钱，他常常工作至深夜，没有多久他就成立了海港内当时拥有最大载客量的船务公司。在 1812 年的战争期间，他接下政府的合同，负责为政府向城市周边的军事哨所运送粮食以及日常物资。不难想象，这样的合同将为他带来的是巨大的收益，然而，他并不满足于现状，依旧不知疲倦地日夜劳作，晚上为政府执行合同，运送物资；白天在纽约和布鲁克林之间穿梭，做他的渡船载客生意。他在白天赚取的收益全部用来孝敬父母，晚间赚的钱他也只留下一半，即使是这样，他的个人资产在他 35 岁之时已高达 3 万美元，当他去世之时，留给他 13 个孩子的是一份美国最大的财富。

艾尔顿勋爵完全可以为自己找借口辩护，因为那时的他家庭贫困到上不起学，甚至连书都买不起。然而，他没有利用任何借口让自己轻言放弃，他咬紧牙关，凭借个人的勇气和信心，终于开创了一片属于自己的天地。每天 4 点起床，然后就开始了他的抄书工作，当然这些法律书都是他想方设法借来的，其中包括柯克的《利特尔顿评述》。他真的太想学习了，可他这样长时间大量地学习常常令他的大脑不听使唤。他想到了一个办法，用一条湿毛巾缠在额头上，这样能使他长时间保持清醒，多一些时间来学习。他第一年的奋斗只赚到了 9 个先令，但他丝毫没有放弃。在他离开律师事务所时，一名送行的律师拍着他的肩膀说：“年轻人！ 你的前途大有可为，好好干！”也就是他，不仅成了英国著名的大法官，同时，还是当时最了不起的律师之一。

法国慈善家史蒂芬·吉拉德也是白手起家。他 10 岁时离开法国的家，作为一名船上侍者偶然来到美国。他不仅要在那里定居下来，而且还在美国施展他的雄心壮志，并取得巨大的成功。在后人和同行的眼中，他就相当于美国的迈达斯，这样的评价并不完全是因为他所拥有的巨额财富，更多的是他那非凡的能力。在美国，无论是多么艰难多么令人厌恶的工作，只要它有收益、能赚钱，他就会去做。史蒂芬·吉拉德已是费城赫赫有名的富商，也许你所关注的是他巨额的资产，其实最让人敬佩和值得人们注意的是他拥有的那份热心公益的精神。国家需要，他义不容辞地挺身而出；陌生人得了致命的黄热病，没钱医治，他慷慨解囊。我们要学的是他那不怕苦不怕难的创业精神，以及他的这份公德心。

约翰·沃纳梅克每天步行 4 公里去费城上班，他打工的地点是在一家书店，每周只有 1.25 美元的工资。这之后他又在一家服装店打工，每周工资提升到 1.5 美元。他的事业就是从此而起，一步一步向上攀登，最后成为美国最著名的生活产品经销商。1889 年美国总统哈里森任命他为邮政署署长，在他的这一任命上，他的个人行政才能可见一斑。

埃德莫尼亚·刘易斯是一个上进的女孩，对她来说肤色不是问题，性别不是障碍，没有任何事物可以阻碍她成为一名成绩斐然的雕刻家。

弗雷德里克·道格拉斯人生起步时真的是一无所有，就连他自己的身体都由别人来支配，因为在他没有出生之前，他的父亲为了偿还债务将他抵押给了债权人。不难想象他的起步是多么艰难，可以说这个小伙举步维艰，可就是他的个人经历竟然为众多的后来者所借鉴和学习，因为他的梦想是成为美国总统。他和母亲的相聚不过两三次，而且都是在夜里，他的母亲要步行 12 里来看他，相见不过短短的一个小时，她就要在黎明之前赶回去。那时他是没有机会学习的，一是没有人教，二是他作为农奴，在繁重的劳作之下，是不允许他去学习的。可就是在这种条件下，他也没有放弃。他趁着农场主不注意时偷偷地从一些碎纸片和年历上学习了字母表。在掌握了字母和初步的入门知识之后，他为前进的道路清除了最大的障碍，他的行为让身边的同龄人相形见绌。21岁时，他逃脱了农奴苦役，只身来到北方，先是在纽约和新贝德福特港口之间当搬运工。这以后不久，他的机会来了，在南塔克特岛上举办的一次反农奴大会上，他那生动出色的演讲征服了在场的观众，就在这一天他入选了马萨诸塞反农奴委员会。然后是一个又一个的演讲，包括到欧洲国家进行演讲，为的是争取更多的人加入反农奴的队伍，除了一些精神上的支持还有经济上的援助，其中最重要的就是几位英国友人捐赠的750美元，也就是用这些钱他让自己获得了自由。他先是在纽约的罗切斯特主编了一份报纸，之后还曾指导华盛顿的《新时代》周刊。除了出版，他还连续多年就任美国哥伦比亚特区的领导人。

著名演员亨利·德克西在成名以前，也就是他刚出道之时，也是做着一些不为人知的卑微工作。

大名鼎鼎的P.T.巴纳姆也曾出于生计做过马术表演，一天所得只有10美分。

在美国的历史上还有这样一位奇人，他出生在一间简陋的木屋之内，童年时没钱上学，或者说在他生存的环境里根本就没有教师，更不要说买到教科书。然而，就是这个人，利用自己那看似平常的却很实用的智慧，为自己赢得了国人，甚至可以说是全人类的尊敬。这位美国内战时期任职的总统，挺身而出，带领国人解放了400万农奴！

我们来看这位身材细长，处境艰难的小伙子，他的谋生之道就是常年伐树，他同时也构建了自己的家—— 一间由松树搭建的小木屋，不过没有窗户和地板，在那里他总是在晚间借助壁炉的微弱亮光，自学算术和语法。出于对知识的渴求，他多次经历常人难以想象的困难，有一次他为了找到那本布莱克斯通的释义，步行了44里路才弄到，当他返回家时，他已读到此书的 100 页，由此我们可以看出这个年轻人对知识是多么渴望！ 这个人就是大名鼎鼎的美国总统亚伯拉罕·林肯，他的成功不是靠上辈遗传，也完全没有运气的成分，他所倚仗的就是那份坚持不懈的追求和永存的正义之心。

同样是在一间木屋当中，不过这一次是在俄亥俄州的一片远离城镇的森林中，一位穷困的寡妇抱着她那 18 个月大的儿子，担心自己是否有能力让他免受狼的袭击。孩子一天天长大，几年后，他开始在林中伐木或是耕种小块的林中空地，为的是帮助他那年老体弱的母亲。每有闲暇之时，他总是用来学习，不过他是买不起书的，只能向别人借用。16 岁那一年，他有机会在运河干涸的河道内为别人驱赶牲畜，就这样他离开了那片居住多年的森林，开始了新的生活。不久，他便为自己谋取了在一所学院学习的机会，但是，为了养活自己，他必须做的就是在校内做一些清扫地板和撞钟的杂务。

在他所就读的吉奥卡神学院，他第一学期共花费了 17 美元，一个让常人难以想象的数字。就在第二学期他来上学的时候，他发现自己的口袋中只剩下了 6 便士。可这个善良的孩子在知道别人需要帮助的时候，毅然将那仅有的 6 便士放进了教堂的捐款箱。接下来，他开始细心筹划个人的饮食起居，他所能做的就是在晚间帮助别人做一些木匠活，每个周末他同样会去帮别人干活，每周能挣 1 美元 6 美分。可对于节衣缩食的他来说，他每周都会有工钱的一半——53 美分的节余。当学期结束之时，他不仅支付了所有的费用，而且还有 3 美元的节余。在冬季，他可以在校授课，每月有 12 美元入账，并且兼供食宿。当学期结束，春暖花开之时，他已赚得了 58 美元。为了更加节省开销，从这学期开始，他个人的食宿预算只有每周 31 美分。

没过多久，他来到了威廉姆斯学院。经过两年的努力学习，在获得了大学的荣誉学位之后，他光荣毕业了。26 岁的他已成为州参议院的一员，33 岁进入国会。屈指算来，从他最初开始奋斗到成为美国总统，詹姆斯·加菲尔德共经历了 27 年。谈起此人的奋斗经历，对年轻人的鼓舞和激励作用要远大于那些富商如温德比斯、阿斯托尔、古尔兹等人。

历数这些成功的人物，令人刮目相看的是他们大多数都出身贫困，但是，他们每个人都不以此为耻，不向命运低头。努力抓住每一次上进的机会，凭借个人的不懈奋斗和努力，从而实现最后的成功。

“所有这些名人都出生在小木屋。”一位英国的读者在阅读过美国名人传记之后，做出了上述评论。

对于这些成功者来说，无论出身多么穷困和艰难，在他们的信念中是没有绝望的概念的，有的只是永远不会动摇的对成功的追求。付出必有回报，上天是公平的，那些善于把握且能够抓住机会的人，最终获取的都是财富和个人的成功。不要在乎你的出身，豪宅和村舍都无关紧要，成功的关键是你要有坚定的信念和刚毅的自信心，只要你具备了这两个基本要素，没有任何人任何事可以阻挡你的成功。

第四章
乡村男孩

身强力壮、刻苦顽强、坚毅勤奋，这些被看作当今世界成就大事者所必须具备的独特条件，且日渐形成一条“潜规则”，要获取上述诸多要素，乡村生活是最有效的途径。如果你并不是生在农村，不具备体验大自然的历练条件，你可以尝试接近与之有关的人和物，感悟一下环境对一个人的影响。乡村中那开阔的土地、险峻的山峰、新鲜的空气、充裕的阳光，是培养强健体魄必须具备的客观条件。而乡村和城市青年最显著的区别在于他们的精神层面，乡村青年所具有的那种持久耐力、活跃思维、沉稳秉性是城市中长大的青年所不具备的。

拿破仑战争不仅惨烈而且影响深远，暂不说为战争献出了自己身躯的众多法国青年，就拿当今社会法国人心目中的国民形象来说，一直延续着拿破仑统治初期的标准，身高以短小为荣——因为一切尺寸皆对照拿破仑的身材量度。

今天的美国乡村一直延续着这样的传统和民俗，在对战争牺牲者敬重的同时，经常前往他们的墓地，在祭奠的同时奉上深深的缅怀之情。但我们应觉察到，这股崇尚为国献身、勇往直前的激进洪流，正在从我们的城市，从我们的身边慢慢消退。更确切地说，是飞快地被蔓延在城市的消极、腐化潮流所破坏和取代。不难想象，在未来的几代年轻人中，这些现在被津津乐道的坚韧、顽强的奋斗精神会荡然无存。尤其是在城市，这里往往被看作腐化的滋生地，只要置身其中，无时没有腐朽落后的行为发生，侵蚀无时无处不在。照此推测，既然城市没落腐化，那么未来几代年轻人很难适宜在此生存和成长，即使是年长者，在久居之后，身心健康也难免受其熏染。

一位伟人曾这样说过，对于人类文明来说，最不成功的阶段就是人们抛弃了农场，把大批极具潜质的乡村青年送到了城市之中，去接受那低级的纸醉金迷的熏染和侵蚀。而那些最初的迁居者因一时无法透彻了解城市的本质，迁入之初往往对他们所居之处抱有无尽的幻想。在经历了一番城市繁华梦之后，乡村就想当然地被视为沉闷平庸之地。在他们的眼里，个人的成功就是为了追求权势和享乐。在没有亲身经历空虚的折磨时，无人可以摆脱城市生活那妩媚的吸引。只有当你真正见识了城市生活的肤浅和虚伪之后，你才能体会到乡村生活的意义，才会真正明白，乡村才是年轻人大有作为的广阔天地。

上天最大的恩赐就是能够让你生在农家，成长在乡村。自食其力和坚毅刻苦是乡村中最常见的育人原则。乡村孩子多数被置身于自立自强的境地，无所依赖的客观环境迫使他们在诸多方面为个人着想，这同时也使得他们的独立能力和创造能力得以历练。个人的综合素质在乡村得到发展的同时，我们不难看出城市和乡村居住者的差距。乡村生活让你身体结实，肌肉强健，这说的只是身体方面；在精神领域，你则可享受比城市人更丰富的人文品质。

崇山峻岭，峡谷河流，其中曾蕴藏多少令人不可思议的个人成长故事。也就是在那里，诸多的伟人的成长经历变得完整，坚毅和忍耐是他们不可或缺的因素。一番乡村磨炼之后，当你步入社会，同那些城市中长大的青年并肩竞争之时，你会惊讶地发现，所有乡村获取的历练会很快让你卓尔不群，让你轻松战胜对手，获取成功。

身强力壮、刻苦顽强、坚毅勤奋，这些被看作当今世界成就大事者所必须具备的独特条件，且日渐形成一条“潜规则”，要获取上述诸多要素，乡村生活是最有效的途径。如果你并不是生在农村，不具备体验大自然的历练条件，你可以尝试接近与之有关的人和物，感悟一下环境对一个人的影响。乡村中那开阔的土地、险峻的山峰、新鲜的空气、充裕的阳光，是培养强健体魄必须具备的客观条件。而乡村和城市青年最显著的区别在于他们的精神层面，乡村青年所具有的那种持久耐力、活跃思维、沉稳秉性是城市中长大的青年所不具备的。

通常情况下，乡村青年比城市青年要具备更优秀的事业成功的基础条件，如勇气和耐力。更重要的是，乡村长大的青年在置身于城市生活之时，那些肤浅虚伪的表象很难对他产生影响。其中的原委一点就明，我们都是客观环境的产物，其实，我们所生存的环境无时无刻不对我们产生影响。那些城市长大的青年，所见所闻几乎都与大自然无关，进而也就背离了人类最初的本质形态。在城市里，你一天到晚看到的所有东西差不多都是“人工的”或是“合成的”。在城市中，你几乎找不到在农村里那些用来增强体力、磨炼意志的物件。试问在这样的环境当中又怎能磨炼坚实可靠的品质？城市里有繁华的商业圈、摩天大楼、沥青大道，但这些都很难取代乡村成为修炼个人品质的场所。

过犹不及的道理尽人皆知，就像盖房子一样，如果对栋梁支柱过分雕刻修饰，则必然加大其构造的危险性。同样道理，作为国之栋梁的年轻一代，在投身城市这一熔炉之后，过分地修饰反倒使他们耗费了大量的体力和精力，进而失去了原有的精神风貌。

换言之，只有当你充分接近土地，力求融入农村生活时，你那男子汉的坚强气概、肉体和精神上的耐性才有可能得到尽情发挥。当人们生活在一个处处都是人工雕琢的环境时，在不自觉中，身心就已受到削弱和恶化。

诸多城市中我们称作完美的社会其实都在经历一个高度腐化变质的过程。人们的身体纤细柔弱不再强壮有力，皮肤美白靓丽却没有了健康的气色；思想灵活多变却少了几分生动活泼。身处城市之中，你极少有机会体验正常的居民生活。如果你要感受自然和谐的生活方式，那么置身于乡村并从事一点农业劳作，这是最佳的选择。我们是否还记得人类诞生之初，就是以农活为生，在农业活动中造就了诸多品质，如活力、耐性和勇气，并以此为基础逐步完成人类的进化。要知道，我们从乡村可以得到的是不容置疑的：坚实、沉稳、容忍、可靠。

只要你生在乡村，作为一名乡村少年，那么就可以毫不夸张地说，此刻的你已完全置身于充满奇迹的空间，不只是曾有过的，现在和将来都会有奇迹的发生。就拿拉斐尔和米开朗琪罗来说吧，在当今的画坛，你是绝对难以找到与之齐名的乡村画家的，因为他们可以赐予作品生命。

你我身边随时都有奇迹的发生，只要你留心脚下的花草，你就不难体会造物的神奇。以玫瑰和一些野花为例，当它们绽放出多彩绚丽的颜色、散发出神秘迷人的气息之时，那其实就是上天在向人们展示世界的丰富多彩，炫耀造化之神奇。可生养在城市的年轻人很难有这样的机会来领略大自然的神奇。你只有置身其中，才会有幸见识那长久不衰的多样的生态形式。

城市生活的多样性使得很多年轻人的注意力难以集中。最终的结果就是导致个人见识的肤浅，对于事物的了解缺乏深度。我们会时常见到：人们的思路总是与主题擦肩而过，难以连续地缜密思索，更谈不上应用了。他们的阅读也同样是一掠而过，手头的文件、杂志和期刊统统都以扫视为主，对其无一上心留意。城市夜生活更是纷繁复杂，同样的年轻人，在乡村里，晚餐之后，几乎不受任何干扰，完全可以专心致志地读书。由于客观条件限制，乡村年轻人不像城市年轻人那样有那么多书可以读，但不可否认的是，二者当中，乡村青年获得了更多的收获和进步。

正因为乡村文化资源相对欠缺，才使得那些乡村少年对到手的书籍、报纸、文章视若珍宝，从而充分利用。城市生活则恰恰相反，正因为文化资源充足丰富，才让那些读者对于身边的文化财富往往视而不见，或者是弃若敝屣。即使你经常见到城市中有人在手捧巨著、埋头苦读，可真正能够领略其精华的却寥寥无几。

事实上，城市中存在太多能够吸引人们眼球、分散人们精力的事物。作为一名城市青年，除非你是天性坚毅，不然你是绝难逃脱城市多彩的吸引与诱惑，进而深陷其中不能自拔。不难想象，作为城市居民，当你身边的亲朋好友都在尽情娱乐、畅快欢笑之时，你又怎能装聋作哑，视若无睹呢？真正要想在一摊污垢中不受沾染、独善其身，那可真是难上加难！

城市生活中激情、趣味以及其他极具诱惑的因素绝不会帮你成就大业，并树立坚定的人生信念。而乡村少年最引人注目之处则是坚定的人生信念的存在。除了激情娱乐的精力消耗，你几乎无法找到任何帮你蓄养精、气、神的东西，然而，如果你能痛快地投身于乡村生活，这些东西几乎唾手可得。

尽人皆知，乡村中农务繁多。但不可否认的是，那些从事农务的乡村青年身体肌肉得到了充分锻炼，从而保证了健康。从事农务劳动不仅身体得到锻炼，同时，在劳动中形成的条件反射有助于个人思维的活跃，而这正是城市青年思维肤浅的重要原因——缺乏劳动和时时活跃的思考。乡村少年并不一定要有敏捷的个人思维，他的运动神经也不是一定奇快无比，也许他的思维有些笨拙，但总的来说，他的身心发展却是协调一致的。所有这些都是他们从事诸多劳动的结果，不仅增强了体力，相对应的神经系统也得以锻炼和开发。

置身于农场，你必须经历的是沉重的苦工和烦琐的日常劳务。这些东西被青年一代，尤其是被城市青年所厌弃，甚至一提及荒山野地，他们就流露出轻蔑鄙视的情绪。可值得肯定的是，这各式各样的劳动却教化了人们，不仅使人们增强了精神和体魄，同时，也让人们更加贴近日常生活，对生活的了解日益深入。农场是一所天然的健身馆，或者说是一个天然的手工训练基地，那里是孩子们最佳的学前教育基地。从事农务时，对年轻人要求最多的是个人的自力更生和独创性。干农活要有工具，然而，有些工具不是你用钱可以买到的，当你千方百计都无法弄到这件工具时，为了完成农活，你唯一能做的就是动手制作它。同时，当机器发生损坏和故障时，修理也是一大难题，要想真正适应乡村生活，你还需要学会修理工具。在制作和修理工具这一过程当中，你的聪明才智尤其是独创意识已得到了很好的锻炼。就拿农场中常见的四轮马车和犁来说，当它们发生损坏时，为了保证工作正常进行，你要做的就是以最快的速度当场把它们修好。通常在机器出故障时，不一定就有上手可用的修理工具，这就需要你做一些平常不敢做的事，其实，也就是培养了你的勇气。当你完成了修理工作，个人成就感在内心油然而生的同时，动手实践的经验也得到了积累。

说了这么多，你应该已经明白，当你来到城市后，你的所见所闻对你个人的成长会有哪些影响。而此时最需要帮助的是那些身处城市之中的年轻人，因为他们无时无刻不在承受着污秽的熏染。当一名精明强干、自立自强的乡村少年和一个面色苍白、绵软无力的城市少年在事业的起跑线上并肩前行时，毫无疑问，乡村少年一定会是二者中最后的优胜者。无论是在商业还是金融领域，在他们的身上有着一些奇特的无可名状的东西，以通俗的眼光视之，就是人们追求的精、气、神。也就是这些，更容易使得农村出身的群体在每一个行业领域都能力拔头筹，卓尔不群。

在处理城市中出现的一些现实问题时，我们便会发现乡村生活独特的优越性。那里有新鲜的空气，当你呼吸新鲜的空气，不断从事体力劳动时，你的心肺功能也得到了提升。久而久之，你和城市同龄人之间就会出现差距，从事劳动更趋向于构建强劲有力的身躯。耕、种、犁、铲，这些农场中的每一件事都时时为你增添精神和体力。你的身体会更有力，肌肉会更强健。与此同时，你的大脑也在随身体的成长而得到锻炼。生活总是压力重重，你会把压力转化为动力，当你在克服困难时，往往是在身体和精神上储存了足够的用以迎接挑战的能量。也许就在将来的某一天，你所储存的能量会应时而发，用以拯救国家和民族的命运，而你也将成为国家的栋梁之材。这样的事例已屡见不鲜，你可放眼金融、政治、法律、商业等各领域，到处都有这样的人才事例。

自立勤勉被视为乡村少年的突出标志。归根结底是因为他们出身贫困，不像富裕家庭的孩子一样可以肆意挥霍。他们无所依靠，往往要对自己的用度精心规划，这样就使他们个人的才智和自立能力都有所发展。研究表明，经常使用工具可让人类的大脑得到进一步开发，学校的手工课就是为了让学生在动手的同时，锻炼大脑，开发大脑潜能。这些农村长大的孩子，可以说天生就处在一所世界上最好的动手学校。他们要做出规划，动手制作工具，更重要的是他们日常劳动总是离不开使用工具。有了这些，你就不难理解为何农村孩子总是在各方面都高于城市少年。

人类有一种天性，就是夸大未曾见过的事物的价值。当人们没有见过苏格兰大师的著名山水画时，会花费数年的积蓄，为的只是能去欧洲一览真迹。其实，所有这些都是画家们扎根乡村多年历练的结果，如果你真想见到比画中更美的风景，只要你信步乡间，这些美景就在你的身边。

美丽的乡间，多彩的世界，无时不在向人们传递着美丽与激情，也许是有些人常栖身于美丽之中，对于身边的精彩已熟视无睹，或者说无法引起他们的兴致。当一片美丽的风景呈现在一个艺术评论家和一个普通人面前时，你可以想到，它一定会为评论家传达太多的激情，激发其无尽的想象，而普通人则视若平常，毫无想象可言，因为在其头脑中艺术功能还未得到充分开发。

我们完全沉浸在大自然的美丽与神奇之中，有时却浑然不知。当你放眼大自然里的花草树木时，稍加留心就会发现，众多奇迹就在眼前发生。就拿树上的果实来说，它需要阳光的照射、雨露的滋润，最后长成一个个香甜可口的果实。结果实的过程你看不到资源的浪费，也没有工厂中喧闹的噪声，更没有废物排放所造成的环境污染。一切都悄无声息、顺其自然地发生。是多么神奇的技巧才能造就这样的美味、成就如此美好的事物啊？

多么精彩的问题，多么神奇的谜团，你要知道有多少具有大智慧的人无论现在所从何业，以前都是农民。你可知我们日常的谷物、水果和蔬菜都是来自哪里、怎么来的吗？面对这个平淡无奇的问题你也许会说，不就是土里长出来的吗？但只要你深入了解，想法就一定会发生改变。植物生长的每一过程都是生命延续的规律。人们所欠缺的就是细心观察，那是比《一千零一夜》更神奇的东西，比它更有吸引力！花草树木、山川溪流、峡谷日落以及在农场中生活的动物，这些都是上天造物的神奇结果。

当感受过乡村的快乐之后，你的脑海中自然与城市形成了一种对比。乡村代表的是轻松欢快，城市则更多的是虚幻紧张。乡村中的每一件事都让孩子们处处动脑，不断思考，从而激发他们未被开发的能力，使体内的潜能得到充分发挥。如果你只看到劳动的辛苦，那么你一定忽略了劳动对增益健康的作用。对于那些深陷城市生活不能自拔的人来说，适当的劳动不仅会让身体强健，更会让其神采奕奕。在城市中，生活没有规律，常常玩乐至深夜，其实这样毫无意义，不仅耽误了第二天的工作，也让你的健康受到影响。

城市生活的诱惑让越来越多的城市人过着不分日夜的生活，这种生活本身就在向你说明它有害健康、耗费精力，同时影响个性发展。

当城里的一些年轻人虚度光阴，浪费精力在寻欢作乐的时候，乡村少年却在积极储备，为自己的人生前进做着坚实的准备。他们通过不断的农业劳作，锻炼了身躯，强健了肌体，而且和生活在城市里的人相比，他们享受着轻松优质、不受干扰的睡眠，这是很多饱受夜生活困扰的城里人始终无法得到的。在城市中，人们多是势利的，包括对人的评价。而在乡村却很少用社会地位和金钱来评判别人。田园生活教给乡民真诚、朴素、正直的品质。

生活中经常会有一些资质平平没有特别才能的孩子被送到农场，世人通常认为他们将来没有发展，只配去农场干活。而那些才能出众、表现卓越的，则被送进了大学，或是去到其他城市谋求更好发展。现今社会越来越多的人开始不重视农业，或者说从事农业生产的人越来越少，就是因为农业被视为一种乏味的工作，之所以乏味就在于它是大自然为人类提供的一种天然的谋生手段，它并不适宜所有人。不仅农业被人轻视，从事农务的人也同样被视为卑微，通常认为只有那些头脑笨拙、缺乏教育的人才最适合干农活。然而，科学研究最能说明一切，经过细致的研究，不仅推翻了之前关于农业卑微的说法，而且还会证明一些你想都不敢想的事。我们开始认识到，要想完成对土地充分的开发，必须具有高水平的个人能力并受到训练。也就是说，在各方面都要有相当完备的能力。我们现在已了解到，农业同航天科技一样，举足轻重，不容小觑。那些无知的、轻视农业的人，在务农的同时也会受到个人无知的惩罚，就是因为他们只知用力干活，不懂得将人类智慧充分应用到农业生产活动中去。

农业科技的迅速发展，使农业越来越受到人们的重视，并且使之成为一种高标准、尊贵的行业。可以想象一下，如果你对农业一无所知，你怎样去做一个高产的农场主呢？当你看到别人种植高产的农业品种时，你难道说这不过是上天的恩赐吗？要知道，这些都是高科技应用的结果，高科技不仅提高了农产品的产量，更重要的是提高了农产品的品质，花朵的外观大小以及香气都可根据需求而改变，人们还可以根据需要让蔬菜和水果的味道存在或是去掉，或改成喜欢的味道，或是加重已有的味道。

在蔬菜王国里，农民就如一个魔法师，还记得美国农业专家路德·伯班克吗？他可以根据个人喜好或别人的需要来变换果实的颜色、味道，甚至改变它的品种。对于他来说，没有什么是不可能的。只要你具有丰富的农业知识，并具备对农业的爱心和热情，自然界存在巨大的创造潜力等待你去开发。路德·伯班克曾预言，人类的科技将迎来一个辉煌的时代，人们将创造一个可以为所欲为的蔬菜王国。到那时，你可以以自己的意志为中心，你想要的颜色、想要的任何口味的瓜果都可以生产出来。不仅如此，任何蔬菜瓜果的外观只要你想得出来，都可以改变。大自然能赐予我们万物，只要人们能够理智地、充满爱心地对待它。

众多的伟人事迹一再向我们说明，拥有太多的有利因素反倒会是不利的。

我们可以试想一下，如果林肯出生在纽约而不是乡村，上的是哈佛大学而不是自学，那么，还会有现在我们所敬仰的总统林肯吗？如果他是生长在一个知识随手可得的环境中，他还会有那种对书籍贪婪的渴求吗？你可知道，他当初为了得到布莱克斯通的一本《英国法释义》来读，步行了 44 英里的路，并在回家的路上就兴奋地阅读了 100 页！

说了这么多关于林肯的话题，你可能还不太了解他的背景，让我们在此回顾一下。你知道吗，他出生在一片人迹罕至的边境森林旁的小村庄中，他几乎常年不见一位有知识的人，那么又是什么动力唤起他的求知欲，并敦促他发奋自学的呢？是什么令他有那样的激情去了解各国的建国史，并从中总结规律的呢？当许多同龄人都在浏览爱情小说时，又是什么让他有激情去学习枯燥乏味的印第安纳州的法规的呢？可以说他为了国家付出了自己的一切，那么，又是什么让他能够这样毫无索取地全心奉献呢？有人做过这样的假设，如果林肯的父亲是一位社会名流，受过良好的教育，而不是当初我们所知晓的那个既不会读又不会写的穷苦农民，不是懒惰、坐吃山空的家伙，如果这样的话，或许，我们见不到现在这位曾大有作为并受人崇敬的国家领袖。

翻开历史记录，你绝对找不到和林肯一样，虽然出身贫困并生长在一个贫穷落后的乡村中，但却能够创造出如此辉煌成就的人物。假设当今社会有这样一位城市里的男孩，他的出身和受教育程度同当年的林肯一样，那么他会不会步行 9 英里路去一所小木屋里上学呢？今天的学生多走几个街区去上学都极不情愿，他们会像林肯那样付出努力来战胜自身的缺憾吗？

第五章
你身边的机会

人人皆有得意时，时间或长或短，也许是一天、一夜，也可能就只有那么一个小时，更可能是那短短的一刻钟，机会极难把握，也许就在你身边。然而，只要你顺利抓住，你的生活就会发生不凡的转变。但是，机会来到你的生活时，不是来得太晚，就是太快，即使你意识到机会的来临，它也很有可能转瞬即逝，极难把握。人们只是知道在人生的旅途上苦等机会的到来，可机会真的来到时，更多的人却往往与其失之交臂。其实，你的身边时时都有机会，关键在于你个人的把握！

——玛丽·汤森德

机会对于那些不能把握它的人意味着什么呢？那是一只未受孕的蛋，即使时间流逝，也不会发展成独立的实体。

——乔治·艾略特

机会从来都是光临有准备的头脑。

——迪斯雷利

“年轻人的机会实在是太少了。”一位年轻的法律系学生面对丹尼尔·韦伯斯特这样抱怨说。“事业的巅峰总是机会不断，关键在于你如何去争取。”一位著名的政治家、法理学家给出了非常简单的答案。

人生处处是机遇。你也许会不相信，然而，翻开历史的画卷，你会发现，曾有数以万计的穷困少年都成了享誉一方的富贵之士，更有积极上进者，不仅财富令人垂涎，地位上也是国会的成员。世界处处都有通往成功的大门，处处都有机会，只不过机会的大门敞开迎接的是那些已经做好准备的人！不知你是否读过班扬的小说《天路历程》，其中有这样的一段情节，剧中的主人公，那个巨人被困在城堡的地牢之中，而有意思的是能够帮助他打开牢门，脱离险境的钥匙一直就在巨人的身上！但他却四处寻找，几乎找遍了所有看到的地方，就是没有想到自己！这其实就是在给人们一个启示，无论你是社会上所谓的强势或者弱势群体，就你个人本身来说，已经具备了开拓进取的能力，而个人成就的取得完全依赖于你个人对这些能力的开发！事实上，我们不应过多依赖外来帮助，所有成就的取得完全取决于你个人能力的开发。

“正因为有些东西离我们太近，所以，我们常常忽略了其存在！”

一位巴尔的摩的女士在一次舞会上不幸丢失了一只价值昂贵的钻石手镯，她一直怀疑是有人从她的外衣口袋中偷走了这件东西。她几乎找遍了皮博迪学院的每一个角落，但始终没有结果。就在她认为多年的苦心寻找就要这样无果而终之时，意想不到的事情发生了！有一天，就在她无意间撕开一件破旧的外罩，想用碎布做头巾时，突然目瞪口呆，就在这件外罩的衬里中，她发现了那只丢失多年的手镯！一切不言自明，就在她丢失手镯并为寻找它几乎倾家荡产之时，这件价值3500美元的宝贝一直就在她的身边，而她自己对这一切却一无所知。

我们中的很多人自认为缺少机会，或者说机会难得，其实他们拥有很多机会，只不过不懂得如何去把握。如果我们能够把握住那些与我们擦肩而过的人生机遇，那么无论是产生的利益还是发挥的作用，都将远远超过那只失而复得的钻石手镯。在我们东部的一些大城市里，有人做过这样的统计，每100人中至少有94人是在家里或者是近在咫尺的地方，利用机会或者说是适时地把握住机会，完成了出人意料的事业。对于年轻人来说，如果在一天当中，你只是想到会在身外之地做得更好，而在你现今的立足之处却没有看到任何的机会，那么这一天对于你来说是相当可悲的！曾有这样一群巴西牧羊人，追随当时掘金的热潮，联合起来去加利福尼亚寻金。众所周知，寻宝之路异常艰苦沉闷，有些人为了打发沿途的寂寞，自备了一袋剔透的鹅卵石作为弹子，当作路上游戏的道具。可就在他们到达旧金山时，一位资深的鉴宝人在看了他们随手丢掉的鹅卵石后，惊讶地告知他们，这些鹅卵石全部是珍贵异常、难得一见的钻石！面对这一惊人消息，牧羊人飞快地返回巴西，目的就是找到那个当初发现这些鹅卵石的矿藏，而他们还是来晚了一步，另一批采矿人已先于他们找到了钻石矿，并且已将矿藏出售给了政府。

机会的取得往往要付出常人难以想象的代价。在内华达曾有一位富贵的矿主，其矿藏以金、银为主。然而，令人意想不到的是，他竟然以42美元的价格将拥有的金银矿藏出卖，只是为了打开另一条采矿的通道，因为他觉得自己接下来要开采的矿藏将会为他带来更多的财富。哈佛大学的阿加西教授曾一再提醒他的学生们，学校附近有一片数百英亩的荒野山地，由于这块地没有带来任何的经济效益，恰逢这块地的所有者想要投资其他经营项目，进而获取更大的利益，所以决定将其出卖。而如果有人现在将其买下的话，它一定会为买主带来巨大的利益。这片荒地被出卖是因为它的所有者一心想进军煤、油开采业。他在校学习的就是煤炭和石油的测量与开发，并且具备一定的实践经验。也许这是一个天大的玩笑，农场主以200美元的价格卖掉了这片荒地，并且迅速在200里以外开始了新的个人经营。就在荒地被出售的几周后，它的新买主——一位接受阿加西教授建议的学生，在这片地下发现了一个巨大的石油矿藏！而那位出卖它的所有者只想到去远方采矿，却从没料到他一心追求的其实一直就在他身边！

数百年以前，在印度河边曾住着一位波斯人，传说他的名字叫阿里·哈菲德。他就住在靠近河岸的一个小村子里，闲暇时，他就站在河岸上，尽情欣赏海面上变幻多姿的景色。他有妻子儿女，拥有大片的土地农场，种植了谷物粮食，而且还拥有数座花园和果园，绝对可以说是富甲一方，任何心中想做的事都可以用金钱来实现。他可以说是无忧无虑，事业有成。另外，值得一提的是，此人勤奋好学，极富修养，而且性格开朗乐观。然而，就在一天傍晚，一位传教士的来访令他的生活发生了改变，传教士自身的个人经历，以及向阿里·哈菲德讲述的天文学和地理知识深深地吸引了他，他们彻夜围坐在篝火旁边，那一夜，他第一次知道了世界是怎样形成的，并且了解到钻石还有那么不平凡的构成。

那位老传教士向他解释了为什么一块拇指大小的钻石，它的价值就可以超过一座大型的铜矿、银矿甚至一座金矿。一块小得不起眼的钻石甚至可以买下阿里·哈菲德现在所有的一切。如果你拥有了一小把亮晶晶的钻石，那么任何一个省份都将是你的掌中之物。当然，如果你拥有的是一座钻石矿的话，那么这个国家将完全在你的掌控之下。阿里·哈菲德安静地听着他的讲述，内心发生了深刻的变化，他开始觉得，他所拥有的财富几乎不值一提，他将再也算不得一个富人！他对于自己过去对财富的了解深为不满，并且认为现在的他完全没有拥有任何的财富。整个夜里他都为传教士所说的一切郁结于心，彻夜难眠。第二天一早，他早早地叫醒了传教士，十分迫切地向他询问，在什么地方能够找到钻石矿。“你要钻石做什么呢？”深感震惊的传教士问道。“我不但要变得富有，而且要将我的孩子扶上王座。”“你现在能做的就是不断地探索和寻找。”“可我去哪里才能找到呢？”阿里·哈菲德急切地追问着。“东南西北，这个很难确定。”“可我怎样才能确定自己已经找到了钻石矿呢？”“这很容易，只要你见到两山之间奔腾的河流下面全是白色的沙子，这些白沙的下面就是你要找的钻石。”传教士十分细心回答着。

为了得到他要的一切，不满足于现状的阿里·哈菲德很快就卖掉了他所拥有的农场，并且很快拿着到手的钱，在他的一个邻居的陪伴之下，开始了他出外寻宝采矿的历程。在阿拉伯半岛的群山之间以及巴勒斯坦和埃及徘徊了数年之后，他们依然一无所获。当他们资金耗尽并逐渐面临饥饿时，阿里·哈菲德深为自己无果的行为和当时的破烂衣着而感到羞愧，穷困潦倒的他无处排遣内心的郁闷，最终投河自尽了。而那个买下他农场的人却十分满足于得到的一切，并竭尽全部精力经营着农场。他可不认为离家寻宝是一件可能的事。一天，当他的骆驼在花园里的小河边喝水时，他不经意间注意到，小溪边一件东西在阳光下放出异样的光彩。好奇的他在小河里的白沙边拾起了一块鹅卵石，鹅卵石在阳光下多彩的色调吸引他将其带进了自己的卧室，他把鹅卵石放在了火堆旁的书架上，此后并没有对它投以太多的注意，可以说将它忘得一干二净。

或许你还记得那位同阿里·哈菲德彻夜畅谈，并改变了他一生的传教士。偶然的一天，他再次造访了这座庄园。就在他进入房间后不久，书架上的那块光芒四射的石头无意间吸引了他的眼球。“钻石！钻石！这是一颗钻石！”传教士两眼发光，激动异常地叫着。“是阿里·哈菲德显灵了吗？”可这位庄园主还是不太相信。“这哪里是钻石，分明就是一颗小石头啊！”很快，他们来到那座发现小石子的花园里，由于兴奋异常，他们没有用任何的工具，徒手扒开了园中的白沙，然而，白沙下面展现的一切令二人目瞪口呆！更多的钻石让他们几乎说不出话来，并且这些钻石的成色要远超过庄园主之前发现的那一颗！历史上著名的戈尔康达钻石矿就是这样被发现的。如果当初的阿里·哈菲德满足于他所拥有的财富，不去长途跋涉地外出寻找宝石，而是在自己的后花园中挖掘一下，那么他绝对有可能成为这个世界上最富有的人，因为就在他所卖掉的这座庄园中随处可见价值连城的宝石！

人人都有其存在的价值和作用。你所要做的就是快速地发现你的价值，找准你在社会上的地位，然后发挥个人能力做好一切。只要年轻人能仔细品味和理解这段话的意思，他们就会马上明白加菲尔德、威尔逊、富兰克林、林肯、哈莉特、比彻·斯托、威拉德等数以千计的历史名人为什么他们的人生历程中会有那样的机会，而他们又是如何把握机会，并最终取得成功的。然而，当机会来临之时，你要做好充分准备，不仅在思想上，你个人还要具备抓住机会和利用机会的能力。有些东西失去了就不会再拥有。有些事情根本就没有挽回的余地，包括说过的话和走过的路，还有射出去的箭和失去的机会。

事物往往是存在矛盾的，一方面，社会在大力强调人们要学会把握和利用机会，因为机会难得，万一失去就不会再来；另一方面，就在人们把握眼前机会的同时，更多机会正在不断涌现。无论是新的还是旧的机会，对于那些勤奋上进、锐意进取的人而言没有什么区别，但是新的机会对于把握它的人来说很有可能是更大的挑战，因为你要想进步的话，进取的标准就会不断提高，同时，你所面临的竞争也就会越来越激烈。一位美国作家曾说过这样一段话，不要一再认为人间的机会无从把握，只要你相信自己，尽心把握，每一个人都会在当今社会找到属于自己的一席之地。

有很多人抓住了被其他人随手扔掉的细小机会取得了成功。就像采蜜一样，对于同样一朵花，蜜蜂采集到的是香甜的花蜜，而蜘蛛获取的却是毒药。有些人就如前面提到的小蜜蜂，从那些日常最普通平常的小事物中找到了属于自己的机会。也许当提及皮革碎片、废棉花丝、金属碎片时，有些人觉得这些和贫穷相关联，而和财富没有什么关系。有些东西人们只把它们看作实现人们福利和舒适的东西，如一套家具、一些厨房器皿、一身衣服或者是一块食物，其实，这些事物的存在看似平淡无奇，或许就在其中蕴含着你的机会。

机会在哪儿呢？我们的身边到处都是。就拿一些自然的力量来说，它们多年来一再向人们展示强大的威力，比如闪电，为数代人常年展示着的自然界那超强的电力，目的就是希望得到人们的利用，为人类服务。随处都有强大的力量，它们存在于你我周围，人类所需的就是一双眼睛，发现并充分地利用它们为自身服务。

首先，你要明白，社会的需求是什么样的，然后，根据需求来供给其想要的，从而实现个人价值。一项改变烟囱排烟通道的发明也许会是非常精巧的，但这对人类并没有什么用。华盛顿市区的专利局办公室里堆满了各式各样巧妙的机械装置，然而，这无数的发明当中没有一个被它的发明人和世界所利用，或者说没有一件具有它的发明价值。就因为男主人为了完成这些不具价值的发明，不知有多少家庭陷入了穷困，并且多年来苦苦挣扎着。在美国著名演员斯图尔特还是一个不懂事的小孩儿时，有一天，只有 1.5 美元积蓄的他不小心赔掉了 87 美分！因为他攒这点钱是为了买一些纽扣和针线用品，可这些东西拿在手里却没有人要。经历了这样一件事后，他为自己订了一条规矩，以后绝不再买人们不欢迎的东西，他在细心执行这条规则之后，变得发达了。

有这样一个非常细心的人，发现他的鞋眼从鞋上掉下来了，然而，他却没有钱为自己再买一双。他自言自语道："我得做一种金属镶边的带钩，并且将它铆在鞋面的皮革上。"他当时非常贫穷，为了把他的租房前面的草割掉，他都不得不去邻居家借镰刀。然而，就是他那个创意，很快为他带来了财富，不久，他就变得相当富有了。

在纽瓦克还有这样一位心灵手巧的理发师，他经过深思熟虑改进了使用的理发剪刀，发明了理发专用的推剪，并且变得非常富有。缅因州有这样一位男子，他从干草场被叫去为他的病妻洗衣服。在这之前，他并不知道要洗的衣服是什么样的。后来他发现，手洗衣服不仅速度慢，而且还非常费力。于是他发明了洗衣机，当然，这项发明为他带来的是巨大的财富。还有这样一个深受牙痛困扰的男人，当他弄清疼痛的原因是牙齿上有太多的虫洞时，他相信只要能够填充这些空洞，就完全可以阻止牙疼，经过大量实验，他发明了利用黄金来填充牙洞的牙洞填充术。

世界上很多伟大的事情并不是由那些有钱人来做的。埃里克森是在一间浴室内开始他的螺旋推进器生产的，轧棉机最初是在一间小木屋里进行生产的，而约翰·哈里森作为航海天文钟的发明者，他的发明则最早是在一间牲畜棚上的小阁楼里面鼓捣出来的，最早的汽艇则出现在费城教堂内的一间小礼拜室，他的发明人则是寄居在此的菲奇。麦考密克发明收割机是从一所磨坊开始的，第一个船坞的创意模型是出现在一座小阁楼中。克拉克作为伍思特大学的创办者，他的事业开始是在一间马棚里，他的工作就是为人制作玩具小推车。法夸尔发明雨伞是在他的寝室里完成的，在他小女儿的帮助之下，他才卖掉了更多的雨伞，从而有了足够的钱为自己买了一套公寓。而我们都熟知的科学伟人爱迪生，他在少年时代当了多年报童，在这期间，他坚持不懈地在多伦多铁路的一列行李车上进行着他的实验。

在佛罗伦萨的大街上，漫步的米开朗琪罗无意间在一片废物堆中发现了一块被人丢弃的意大利卡拉拉地区的大理石，这是那些不熟练的工人随手抛弃的，毫无疑问，那些艺术家对它的品质已经进行了仔细的揣摩，最后认为它不具备开发的价值，所以才将它丢掉了。而米开朗琪罗却独具慧眼地从这块废石中看到了别人没有看到的东西，他认为这块石头十分具有开发价值，就是这块石头，被他精心用自己的斧凿雕琢出了意大利最著名的雕塑作品——《大卫》。

帕特里克·亨利曾被人称作是个大草包，因为他做什么都不成，经商也是赔本而归。他总是梦想着自己有一天远行去创造个人的辉煌，但如果只流连于身边的如谷物、烟草以及弗吉尼亚的挂包这些物件当中，他永远不可能实现自身的价值。在学习了六周的法律条文之后，他的律师事务所开张了。没有人认为他会取得成功，然而，他接手的第一项业务却展示了他个人出色的演讲能力，人们改变了对他的看法，慢慢地觉得他会成为弗吉尼亚的一位英雄人物。随着印花税法案的通过，亨利也被选拔进入了弗吉尼亚的市议会，作为一名议员，他马上提出针对美国不公平殖民地赋税的方案。随着在政界的稳步提升，他最终成为美国一位出色的演说家。在一次对抗美国方案的演讲中，他说出了这样的一段话，我们可以从中领略一下他的能力和勇气："恺撒的一生中出现了布鲁特斯，查尔斯一世则遇见了克伦威尔，乔治三世完全可从以前的楷模中学习经验。如果这些算作叛乱的话，我们则要好好地利用和学习他们。"

伟大的自然哲学家法拉第是一位铁匠的儿子，在他青年时期，他曾写信给当时著名的化学家汉弗莱·戴维，目的是通过他的推荐，进入英国科学研究所工作。这封信令戴维惊讶的同时，也让他有些犹豫不决，他就此事向朋友们进行了咨询。"这里有一封信，是来自名叫法拉第的年轻人，他曾聆听过我的讲座，并且想让我为他提供一个到英国科学研究所工作的机会，我真的不知该怎么办才好。""有这样的事？那就让他刷瓶子吧！如果他是真心想学的话，那么做这些小事也会体现他的价值。如果他马上拒绝的话，也就说明了他毫无价值。"但让人没有料到的是，这个男孩不仅接受了这份工作，而且干得非常细心。他还利用工作剩余的时间来进行研究和实验，他利用药剂室里丢弃的废旧仪器，在一间小阁楼上开展实验。他潜心的努力为他带来了成果，很快，他获得了皇家学院的教授职位。英国著名物理学家廷德尔在谈及这位为自己创造机会的年轻人时，称赞道："他是我们现今社会最伟大的实验型哲学家。"在科学研究上，他已成为后人学习的时代奇迹。

在历史上曾有这样一位传奇艺术家，长久以来，他一直在苦心找寻一块檀香木，为的是雕刻一尊完整的圣母像。然而，他的苦心找寻一直没有结果，就在他失望至极，快要放弃之时，一个怪梦却让他重新燃起了希望，在梦中，他用心雕塑着自己的杰作，不过，他用的不是他多年搜寻的檀香木，而是一块用作木柴的橡木。醒来之后，他细心回想这个梦，认为这是上天对他的启示，要想完成自己的作品，并不一定非用檀香木，其他木料也一样可以。就这样他找到一块普通的木材，然后开始了伟大的艺术创作。不久，一尊传奇的圣母像完成了。许多人总是让机会从身边白白溜走，就像那个找檀香木的人前期所做的一样，死板地将人生固定在一条路上，在这条路上，只要略一转头，你会发现，其实有很多机会正在向你招手，就像他后来决心用普通木材做雕塑一样。有的人一生找寻，到头来却终无所获，一事无成。同样的环境下，有的人却把握和利用了别人错过的机会，创造了属于自己的辉煌。

机会无处不在。这之前从未有过这么壮丽的开端，从未有过这样的机会。尤其是它那令人难以想象的对于女性的开放性，一个崭新的时代正在向她们全面展开，数以千计的职位和专业现在热情地邀请她们加盟，在这之中包括一些近几年刚刚对她们开放的冷门职业。

我们不可能人人都成为历史名人，不可能每个人都像牛顿、法拉第、爱迪生、汤普森那样有伟大的发现，或者像米开朗琪罗和拉斐尔那样创造出流芳百世的杰作。但是，我们都有化腐朽为神奇的力量，只要你把握住每一个普通的机会，并且全身心地投入，你收获的将是属于你自己的奇迹。对于年轻的格雷丝·达林来说，年迈的父母把她作为身边的宠儿，一直以来她都是和父母住在灯塔附近，她会有什么样的机会呢？就在她的兄弟姐妹纷纷进入大城市打工挣钱之时，她也许已经被人遗忘了。可事情却发生了戏剧性的变化，她的兄弟姐妹虽然都去了城里，但知道他们的人却没几个，而这位小女孩却获得了比公主还要高的声誉。你也许不会想到，当小女孩要和一些社会的贵族名流见面时，她根本用不着出门，那些名人会主动上门来等待她的接见。她就是在她的家里赢得了令皇族后裔都要羡慕的声誉，从而确立了一个在地球上永远不会消失的声名。她没有陷入远行去获取财富和声誉的空想，她只是从现实中找到了那个属于自己的位置。

你想变得富有吗？那么请先对你自身需求做一下研究。你会发现，数百万人几乎都有着同样的需求。最稳定的经营项目就是人们日常所用的基本必需品。衣、食、住、行是人们最基本的生存需求，人人都想追求安逸舒适的生活，都希望找到令他们快乐生活的设施和场所。同时，在文化和教育方面也以这样的心理为主。只要你为他人着想，力求满足人们追求舒适的需要，能够改善人们现有的生活方式，那么你就将获得巨大的财富。

“当你错过了辉煌的机遇，就不会再拥有，可就在你把握住它那一刻，它给你带来的不仅是财富，还有你个人前进的方向。”

哈里特·温斯洛曾说过：“为什么只是一心地外出远航去探索呢？当你一无所获归来之时，难道只有叹息吗？美好的机遇就在你身边，只要你稍加留意，就会发现比你远行找寻的更美好的事物。”

第六章
充分利用闲暇时光

你热爱生命吗？那么请你不要浪费时间，因为时间是构成生命的要素。

——富兰克林

即使是微不足道的损失，你也不要期待来世挽回。

——古代谚语

时间贵超金，失去难再寻。

我曾浪费过时间，而现在时间就在耗费我的生命。

——莎士比亚

请牢记我的话吧，如果你节约时间，那么将来你获得的回报必然丰厚，甚至比你最乐观的梦想还让你惊喜；如果你浪费时间，必然在未来损失惨重，甚至比你最悲观的估计还要让你沮丧。

——格莱斯顿

就在日出日落间，我又浪费掉宝贵的两小时，每一小时都包含着钻石般宝贵的60分钟，没什么比这更珍贵，因为一旦失去了就再也找不回来了。

——霍瑞斯·曼

“那本书多少钱？”在本杰明·富兰克林报社前的一个书店，一位小伙子徘徊了近一个小时后，终于向售货员问起了价。“1 美元。”售货员回答道。“1 美元！”这个人一再重复着，“能不能便宜点？”“1 美元是最低价了。”售货员不耐烦地应付着。

这个看似买书人的家伙独自站在那里，顺便又翻看了一下其他书，接下来问道：“富兰克林先生在吗？”“在，”售货员答道，“不过，他正在打印车间里忙着。”“好的，我想见一见他。”这个人执意要求着。很快富兰克林出现在了他面前，那位陌生人问道：“富兰克林先生，这本书最低价你要多少钱卖？”“1.15 美元。”富兰克林马上给出了准确干脆的回答。“1.15 美元！ 怎么会是这个价！你的手下刚才还只要我 1 美元的！”“你说得没错，不过我在工作时是 1 美元，既然你让我离开了工作岗位耽误了我的时间，你就要付这个价！”富兰克林回答道。

这人显得有些吃惊，但还不死心的他再次向富兰克林要求道：“既然已经这样了，能不能给我这本书的最低价？”“1.5 美元。”富兰克林答道。“1.5 美元！ 为什么会这样？ 你刚才还只要 1.15 美元的。”富兰克林平静地说道：“没错，刚才有刚才的价，现在有现在的价，如果你现在不交钱继续浪费我的时间的话，一会儿我还会涨价的。”

那人二话没说，把钱放在柜台上，拿起书离开了书店。在这里，他不仅买到了一本书，还买到了一个珍贵的教训，对于那些善于把握时间的人来说，没有什么比时间更宝贵，在他们的眼里，时间就是金钱，就是智慧。

浪费时间的人到处都有。

在美国费城铸币厂黄金加工车间的地板上，有一个木制的格子，每当清扫地板时，都会从其中清出大量的黄金粉尘，每年积累起来的价值可达数千美元。我们不难发现几乎所有的成功人士都有一个相同的“格子”，他们能利用别人忽视的时间碎片。他们善于利用自己的零散时间，把这些时间积累起来，比如说做完事剩余的半个小时，还有等待不守时的人的时候，你都会看到他们在用心工作。利用这些时间他们取得了惊人的成绩，这使那些没把握这条宝贵经验的人大为震惊。

“所有我已经完成的事业，以及我期待去实现的梦想，”艾利胡·贝利特这样说道，“它们都曾经是或者说将会是沉重缓慢的、需要耐心的、不屈不挠的一个积累的过程，在这一过程中，你会体验到点滴的积累，无论是人掌握的事实，还是个人思路的开拓，都将得到加强。当我雄心勃勃地想做点什么的时候，如果我只有无比大的决心和渴望，也远不如那些善于利用零碎时间的年轻人所取得的成就。”

“我一直不知道内德是利用什么方法把家里所有人的才能集于他一身的，”内德·伯克的一位兄弟这样说，当时他刚听完伯克在国会做的一次精彩演讲，沉思了许久，“现在我想起来了，当我们都在玩耍的时候，他总是在埋头学习。”

日复一日，时间就像一位乔装打扮的朋友，携带无数看不见的财富前来拜访我们。然而，如果我们没能意识到，并且好好利用，它将从我们的身边悄无声息地溜走。一位智者有过这样的陈述，当你失去了大笔的财富，你可以勤俭节约来挽回，知识的欠缺可以通过学习来获得，身体的健康也可以通过饮食和药物去获得，然而，唯有时间，你一旦失去，就不会再拥有。

“马上就要吃饭了，在吃饭之前我们什么也做不了。”这是每个家庭就餐前经常会说的一句话。然而，正是那些缺少机会的穷苦孩子，利用人们看不上眼的这些零星时间取得了许多丰功伟绩。正是这些你曾经浪费掉的时间，如果好好加以利用，也许你就成功了。

马里昂·哈兰德创造了一个奇迹，她利用孩子们上床休息的时间以及其他任何的空余时间撰写小说，或者新闻稿件，可以称得上是利用时间的典范。尽管她的一生成就非凡，但在她的奋斗历程当中无时不受到家庭的困扰，这也同样是大多数女性在创业过程中所面临的问题。作为家庭妇女，繁重的家务势必成为她们最大的负担，从而令她们无法全身心地投入到自己的事业当中。然而，她就是在平凡的生活中做出了不平凡的事迹。哈里耶特·比彻·斯托也同哈兰德一样，一边忙于繁重的日常家务，一边完成了她自己的著名作品《汤姆叔叔的小屋》。比彻在每天就餐前的零星时间里，都要读一下弗劳德的作品《英格兰》。而朗费罗的著名翻译作品《地狱》是怎样完成的呢？他每天利用自己煮咖啡的那短短10分钟时间，数年如一日地坚持去做这份工作，最终完成了他的译作。

休·米勒还是一名石匠时，一边做着手头工作，一边利用空闲时间学习科学著作。与此同时，他结合自己对所做工作的了解，完成了关于石匠技艺的著作。

珍丽夫人曾是法国年轻女王的伴读，就在每天女王到来之前，她都要等待一段时间，她便充分利用这一段时间，完成了她的部分作品。伯恩斯则是在农场工作时写出了他那些美妙绝伦的诗篇。《失乐园》的作者是一位教师，同时他还是联邦秘书和摄政官的秘书，他是工作繁忙的政治人物，但他没有放弃自己的文学创作，仍然利用工作的闲暇时间，完成了自己的创作。约翰·斯图亚特·穆勒的文学创作则是他在东印度公司当办事员时完成的。伽利略曾是一名外科医生，要不是他积极利用业余时间，勤奋进行科学研究，也许我们现今世界将会缺少好几项伟大的科学发现。

如果任何一位有才干的人都可以像格莱斯顿那样，能够有效地利用时间，不让任何一点时间从自己的身边溜走，那么即使你现在能力一般，也没有什么是你做不到的。其实，最应指责的是那些成千上万的男女青年，他们随意浪费时间，不只是一刻，甚至是成年地浪费时间。而对于那些历史上懂得珍惜利用时间的元老前辈来说，他们可是连最点滴的时间都舍不得丢弃。许多伟人都是善于利用时间的典范，也就是在这一点上，他们在社会上得到了无与伦比的名誉，从而使人们记住了他们。这些人有效地利用时间，当有些人刚刚经历失败，沉浸其中不知所措之时，那些抓紧时间的人已站上了新的起点。在但丁生活时代的早期，所有精通文学的人，都是来自勤勉的商人、医师、政治家、法官、士兵。

当迈克尔·法拉第受雇去为人装订书籍时，他利用自己的每一点空余时间去做实验。后来，他在一封写给朋友的信中，提到了他当时的处境："我最需要的就是时间了，要是我能把那些整天无所事事的贵族的空闲时间都买到手，那该多好啊！"

其实，只要你珍惜时间，时刻努力，你就有可能创造出属于自己的奇迹。

德国的自然科学家亚历山大·冯·洪堡总是公务繁忙，日程被安排得满满的，以致他想抽空做一些科研活动时，总是把时间安排在深夜或是清晨，而那时，其他人可能正在酣睡当中。

一天内你只要从那些无聊的追求和为了金钱的工作当中抽出 1 小时的时间，那么任何天资一般的人都可以对科学知识有出色的掌握。当然，如果有人能十年如一日地坚持学习，即使是一个无知的人，10 年后也将成为一名见多识广的学者。每天 1 小时可以读两份日报，两份周刊，两本畅销的杂志。如果一个孩子一天只学 1 个小时，一天中这个孩子的读书量是 20 页的话，那么一年就超过 7200 页，相当于 18 本大卷宗的数量。每天 1 小时学习会在那些抓紧利用时间的人和一味浪费时间的人身上产生巨大的差别。每天学习1小时可以让一个默默无闻的人变得声名显赫，一个之前毫无作为的人变得成就非凡。这是每天学习1小时所带来的效果。想象一下，如果你每天学2小时、4小时甚至6小时，那将会产生什么样的结果呢？通常来说，只要青年男女每天能够从消遣娱乐当中，为自己分出1小时的时间去学习的话，他们的生活就会发生改变。

每一位年轻人都应具有充分利用休闲娱乐时间的习惯，因为当时欢快的心情，可以帮你理解和掌握那些有用的东西。这些东西或存在于你的工作中，或存在于你的脑海里。

如果你选择珍惜时间，那么你的事业将得到提升，兴趣将得到拓展，你的品性甚至你周围的环境都会得到转变。

“据我观察，如果一个人现在的行为太过懒散，则没有人可以改变他的处境。”伯克说道，“如果无所事事的悠闲占据了一个人大部分的时间，几乎没有留下多少时间归他自己把握，那么这种闲散安逸会比任何一种工作都更多地霸占他的生活。”

有些人会利用别人不经意浪费的时间去为自己争取一个好的教育成果。一些人对于小生意不以为意，嗤之以鼻，有些人则在其中发现了机会。什么样的人会在一天中忙得就连1小时学习的时间都没有呢？查尔斯·弗罗斯特是佛蒙特州一位著名的鞋匠，他下定决心要每天投入1小时时间去学习。结果，他的勤奋努力最终让他成为美国最有名的数学家之一。同时，他在其他学科的造诣也获得了令人称道的成就。约翰·亨特，像拿破仑一样，强行规定自己每天只睡眠4小时。欧文教授总共花费了10年的时间提取和归类比较解剖学的样本，其数量多达24000个，而且每份样本都是他细心收集的。

约翰·Q. 亚当斯深深地抱怨那些本不应该干扰他的人，他觉得是这些人抢走了他的时间。一位意大利学者为了提醒他，在他的门上张贴了一幅题词：

"到此只能谈工作。"卡莱尔、丁尼生、布朗宁、狄更斯等人曾共同签署了一份抵制街上音乐演奏者的抗议书，就因为这些人打扰了他们的日常工作。

许多历史伟人都是在个人的常规工作之外，利用那些零散的，或者说是被大多数人浪费掉的时间，做出了令人刮目相看的成绩。英国哲学家斯宾塞就是在他担任爱尔兰贵族代表的秘书时利用业余时间取得了成就。约翰·卢伯克先生在史前研究上极具声誉，他所有的科研探索都是在他繁忙的银行工作时间以外进行的。英国诗人索锡为社会贡献了100卷值得传唱的诗篇，很少有人看到他出来闲逛一刻。美国作家霍索恩在他的个人日记中曾有这样的表述，那就是他未曾让一份有价值的想法，或者说是一个有意义的机会从他的身边溜走。富兰克林更是一个不知疲倦的工作者。他总是抢在前面去打饭，睡觉也总是睡尽可能少的时间，他这样做就是为了让自己能有更多的时间去学习。当还是一个孩子时，他就对父亲在饭桌前面长时间的祷告产生了不满，他曾问父亲是否可以简短地祷告，从而节省时间。他的几部上好的作品是在船舷上完成的，比如他的《航海技术的改进》《多烟的烟囱》。

拉斐尔短暂的37年人生历程为那些总是抱怨没有时间、浪费生命的人上了生动的一课。

成就伟业的人都是惜时如金者。古罗马著名的演说家西塞罗曾这样说："当大众正在观看精彩的表演和娱乐演出，或者在放松身心之时，我则在专心地把精力投入到哲学研究当中。"培根勋爵享誉世界并不完全因为他当时是英格兰的财政大臣，人们更多地称颂的是他在闲暇时所完成的那几部著作。在一次与一位君主会见时，歌德突然提出告退，然后进入了隔壁的房间里，提笔写下了关于《浮士德》的一点儿思路，以免过后忘掉。

英国化学家汉弗莱·戴维在一间药品商店的阁楼内通过实验发现了诸多化学元素，当然，这一切都是在业余时间完成的。英国的诗人蒲柏经常在夜间起床，写下他自己在工作时间无暇顾及的文学思路。英国历史学家格罗特同样是利用他的业余时间完成了著作《希腊史》，而他当时还是一名业务繁忙的银行家。

乔治·斯蒂芬森也是一个惜时如金者。他总是利用业余时间学习，并且他的很多著作也是在业余时间完成的。当他还是一名工程师时，他就利用晚上的时间来学习数学知识。莫扎特从不让一分时光虚度，每一分钟都有他学习的印迹。他从不会停下自己的工作去充分地休息，有时他太过专心忘我地投入到创作当中，竟然长达一天两夜不眠不休。他那著名的《安魂曲》就是他在临终的病床上完成的。

恺撒说："即使在最残酷的战争期间，我也会在我的帐篷内利用业余时间做些其他的事情。"在一次沉船事故中，他被迫孤身向岸边游去，但是，他还随身带着他的文学手稿，因为在船体下沉的那一刻，他正在写这本书。

梅森·古德医生坐着轮椅去伦敦探视病人的路上，还在翻译《卢克莱修》。达尔文撰写了多部名著，而这些作品的一些观点和思路都是他随时记录在那些手边的纸页上的。瓦特是在从事数学教学工具的经营时，学会了化学和数学知识。亨利·科克·怀特曾在一家律师事务所实习，就在家和事务所往返途中，他学会了希腊语。伯尼医生在马背上掌握了意大利语和法语。马修·黑尔在他作为法官的巡回审判过程中，完成了他的著作《沉思》。

现有的时间应算作一种原料，有了时间我们可以做任何想做的事。不要沉浸在过去，或是空想未来，你要做的是好好把握现在，向每天、每刻或者说是向时间要效益。人们不是生来就懂得如何正确衡量时间的价值的，更不可能生来就了解那一小时的价值。正如费内伦所说，上天最多给你一次恩惠，可你如果不去珍惜，第一次就失去了，那你将不会再有重新把握的第二次机会。

布鲁厄姆伯爵一刻时间也舍不得浪费，为此，他将时间安排得十分有条理。在别人看来，他总是有事可做，甚至在他人看来，同样的工作时间，别人完成的部分还不到他的1/10。最终的结果是，他在政治、法律、科学、文学等方面都取得了很高的成就，赢得了令人瞩目的赞誉。

约翰森医生一周内利用每天晚上的时间完成了他的作品《拉塞拉斯》，从而给他母亲的葬礼筹集了资金。

林肯还在学习测量时，就已开始利用业余时间来学法律，并且在打理杂货店的间隙，又完成了其他知识的积累。萨默维尔夫人就在邻居们闲聊和闲逛时，不仅学习了植物学和天文学，而且还写出了出色的论文。在她80多岁时，出版了《分子和显微科学》。

浪费时间过程中最可怕的一点是你失去的不只是时间，同时还有你那宝贵的青春。当你失去青春后，就不会再拥有。懒散让你愚笨，让你的浑身绵软无力。工作可以形成规律，让人从中受益，懒惰悠闲却没有这样的功能。

美国总统昆西有这样一个习惯，在没有完成第二天的计划之前，他绝不上床休息。

道尔顿经营的事业是他一生的最爱。他一生记录了超过20万条的气象观测。

在织布工厂里，一根劣质的细线可令整匹布料变为次品。犯错的女工事后会受到追究，就因为她一时的失误，导致了巨大的损失。人为的损失可以用扣除工资的形式来弥补，可在我们生活的这张大网上，如果也有劣质的线令全网受损，那么由谁来承担责任，弥补损失呢？我们不可能在人生的道路上来来回回，反复穿梭而无所作为。人生的细线已在你这来来回回的穿梭中，悄悄地织入了你的命运。劣质的细线有什么特征吗？你不妨记住，那些浪费时间和丢弃机会的行为，绝对是劣质线的代表！它不仅使人们所从事的工作功亏一篑，同时，还会对人们的一生造成伤害。相反，如果你善于把握机会和利用时间的话，那么呈现在你的人生大网中的将是多彩的金线，它定会为你的人生增添美丽和光彩。我们不能停止织布或是扯出贯穿这块布匹的劣质线，它会一直待在那里，见证我们曾经犯下的错误。

当一位年轻人在做一项有益有用的工作时，没有人会为他的工作担忧。可人们往往会关心他在何处吃饭。如果是夜间出去的话，他又会去哪儿呢？晚饭后他会做些什么呢？他是在何处度过他的周末和假期的？通过观察一个人对业余时间的安排，你可以对他的个性有进一步的了解。大多数的年轻人变坏或者是在社会上走下坡路，都是因为他们在晚饭后无所事事，不懂得利用时间。相反，那些成功者，他们大多数都是利用时间的典范，总是在深夜苦读和工作。更有一些人为了个人提高，常常深夜拜访求教。每个夜晚对于年轻人来说都至关重要，在美国诗人惠蒂埃作品中就有这样的警示，今天的你我也许风光无限，但此时的你不要不知所终，明天会发生什么要靠你自己把握，因为人生的大路，说到底，完全是由你个人铺就。

时间就是金钱。谁能充分汲取时间的养分，谁就可以积少成多，终成伟业。不要随意浪费哪怕是一小时的时间，因为虽然我们将时间比作金钱，但在这一点上，它们却大大不同，金钱的浪费，你可以利用时间去挣回，可时间一旦失去，你就不再有任何的弥补机会。浪费时间其实就是在浪费你的生命，同时，也意味着你人生机遇的错失，好的机会失去了，就再也不会光顾你的人生。好好珍惜你现有的时间，你的未来就看你如何去把握你的当下。

爱德华·埃弗里特曾这样说："上天赐予你我的时间是均等的，本意是让人们进行才能的挖掘，充分把握每一次上进的机会，懂得如何弥补失去的时间，同时，要想过得欢快充实，受人尊敬，你还要摒弃世俗的欲望及感官的享受。"

第七章
贫寒出英才

逆境出伟人，困境造英才。出身卑微并不会影响一个人成就伟业。那些自力更生读完大学的学生，肯定有一段艰苦的经历。然而，通过工作，他们更知道怎样去生活。而且由于他们的自立自强，在以后的学习生活里，他们往往要比他们的同学，比那些百万富翁的儿子更有可能获得更高的学术学位。出身平凡的人，更确切地说，一些农民、维修工、技工的子弟，他们往往在缺少资金、缺少机会的情况下进入他们梦寐以求的校园，然而，正是这一部分自力更生者，在未来的国家建设中将成为我们的栋梁之材，他们用实际行动为民众树立了诸多学习的榜样。

“我读得起大学吗？”美国许多年轻人提出这样的问题，因为他们几乎身无分文，而他们又深深地知道，要想顺利地读完大学，不仅需要几年的打拼，而且还要支付高昂的学费。

对于那些雄心勃勃想在社会上有所作为的年轻人来说，他们常常被迫艰苦地工作，一边打工挣学费，一边完成学业。的确，这对他们来说有些艰难，可历史表明，往往是这些勤工俭学的人在引领我们时代的进步，在这部分人的身上体现的正是我们时代所缺失的自立和自强的进取精神。

一般来说，当今社会的孩子只要能获得良好的文化教育，就已获得了比丹尼尔·韦伯斯特和詹姆斯·加菲尔德要强百倍的机会。但是如今几乎没有一位身康体健的少年，在读过上述文字后会保证，只要给他良好的教育，他就能够利用比韦伯斯特和加菲尔德优越的机会，做得比他们更优秀。从另一方面来说，志向通常决定你的人生方向，并且以前从未有这么多可共享的资源来辅助你完成个人志向。只要你有了不可动摇的意志，每小时甚至每刻都有你可去选择的机会。

这是一位毕业生的日记摘录：“我们总共有5000名学生，我们都来自哈佛大学。”其中有500名学生是完全或几乎完全的自力为生。贫困对于他们算不得什么大问题，在一些规模小的大学里，他们中近一半的人是靠政府固定的津贴来补贴生活费的亏空。还有一部分则是通过当家庭教师，或者是去报社干一些力所能及的工作赚学费，当然，他们辛勤工作的结果就是每年每人将会有700美元至1000美元不等的收入。要知道，在哈佛，各个雇佣机构在薪金的支付上是相当令人满意的。

“有一些人赚得更多。我的一位同学在刚进大学的时候身上只带了25美元。作为一名新生，他经历了一番艰苦的奋斗。然而，大三时，他的工作越来越顺利，当就差十个月毕业的时候，他结算了上学期间所有的费用花销，清算结果不仅没有亏空，最后还结余3000美元。

“他赚钱的方式是进行广告策划和一些出版业务。毕业后没几个月他就结婚了，现今他正舒适地生活在剑桥。”

有一个来自贫困家庭的男孩，生活在斯普林菲尔德，就读于一所当地的专科大学。客观环境磨炼了他的意志，增强了他对知识的渴求。他决心努力向前，不断追求进步，并且完全依靠自身的拼搏，实现个人的成功。就这样，为了实现个人理想，他又来到了斯克内克塔迪，在那里，他很快联系到了联合学院的一位教授，与之商定在教授那里进行实习工作，由教授为他支付学费。他租了一间小屋，主要是用来学习和住宿。他的食物十分简单，每周都不会超出50美分。毕业后，他把主要精力都投放到了国内的工程建设上，经过一段时日，他建起了自己设计的铁桥。他本人获得了多项有价值的专利，当然，他也为自己积累了大量的资产。可以说，他的一生是相当成功的，这是他自立自强的结果。

阿尔伯特·贝弗里奇是一名来自印第安纳州的美国年轻参议员。在他刚进大学时，除了朋友借给他的50美元以外，身无分文。他一开始是在一所大学生俱乐部当服务生，在那里他拿到了25美元的新人诗作奖，从而缓解了最初的财务危机。夏日到来之时，他又出现在了待收割的庄稼地里，创造了当地的小麦收割纪录。无论他走到哪里，总是把书本带在身边，只要有时间，不管是早中晚，他都会坚持学习。鉴于他各方面的出色表现，当他再次回到校园之时，人们已对他另眼相看，认为他将成为一位杰出人物。

在今天的芝加哥大学，有数以百计的年轻人，正在以他们各自不同的方式完成学业。当然，不同的工作机会让每个人的赚钱方式有所差异；另外，学生的个人能力和兴趣爱好也会影响到他的工作方式。能够成为一名城市日报的记者，是很多人梦寐以求的，但只有极少数人最终可以做到。还有一部分人，他们白天在校就读，晚间则从教于夜校；而有一些人则恰恰相反，白天在当地的公立中小学从教，在完成工作之后，再利用下午和晚上的时间来学习大学课程。这样的结果是工作和学习两不误，最终他们往往都是大学高等学位的获得者。还有一些人为别人送报，他们每周可获得 2.5 到 3.5 美元不等的收入，但这并不足以支付所有的学费，他们必须另外从事其他工作来获得更多收入。一少部分人在市图书馆当夜间的书籍管理员，还有一些人从事季节性的工作，夏天为人修剪草坪，而冬天则为人烧锅炉，他们的工作随季节变化而变化，每周也会有 5 到 10 美元的收入。当然，更多的人是在酒吧和餐馆中打工。有一些人做的是广告招商和推销。而那些神学院的学生，经过一年的相互熟悉之后，开始在小镇中承担宣传教义的工作。还有一些人做的是家教，有两名学生竟然通过做家教，实现了每人每年 1200 美元的收入。他们中的一位还参加了管弦乐队，在那里，既满足了自己的个人爱好，同时每周还有 12 美元的收入。个别几人在大学的邮局工作，每小时有 20 美分的收入。

一位美国大学校长曾经说过：“从总体上来说，我认为由学生来支付他们部分的上学费用是他们求学路上一个难得的机会，这部分学生往往利用这一条件，获得更好的大学教育，取得更加优秀的成绩。这可以让学生更多地接触现实社会，同时，还会锻炼学生的体力和精力，而在这一点上，那些由父母供养来读大学的学生，他们是很难做到的。然而这并不是说我希望所有的学生都由他们自己来支付学费，我只是说部分学费由学生来自筹，对于他们是难得的实践锻炼。如果完全由学生自给自足的话，由于时间和精力有限，势必对学习产生一些影响，令其难以安心完成学业，更有可能损害学生的身体健康。”

逆境出伟人，困境造英才。出身卑微并不会影响一个人成就伟业。那些自力更生读完大学的学生，肯定有一段艰苦的经历。然而，通过工作，他们更知道怎样去生活。而且由于他们的自立自强，在以后的学习生活里，他们往往要比他们的同学，比那些百万富翁的儿子更有可能获得更高的学术学位。出身平凡的人，更确切地说，一些农民、维修工、技工的子弟，他们往往在缺少资金、缺少机会的情况下进入他们梦寐以求的校园，然而，正是这一部分自力更生者，在未来的国家建设中将成为我们的栋梁之材，他们用实际行动为民众树立了诸多学习的榜样。现今，最主要的问题是如何使这一部分人群获得稳定而良好的教育，能够享受到丰富多彩的、现代化的教学设施，并且无须拼命赚钱交学费，而有充分的可利用的时间，来实现自己的学习和课外计划。这是我们国家现今亟待解决的一大问题，无论对于求学的个人还是正在发展的国家，都有其难以估量的重要性。一些明智的年轻人通过工作锻炼，增强了在逆境中求生的勇气，找到了自己在社会中最适当的位置，实现了自我的人生价值。从另一角度来说，他们不仅掌握了应有的课本知识，并且还具备了一般人所没有的实践经验。

盖尤斯·福莱斯特毕业于布拉特尔伯勒的一所高中，他在当地学校教了 6 个学期书之后，凑足了第一学期的学费，顺利地进入了达特茅斯大学。在马萨诸塞的劳伦斯还在艾塞斯县里一所学校当了一年的协管员，在哥伦比亚的展览会上，他手推滚轮小车，当起了展会服务员。在芝加哥，他在奥克希尔医院干了一季度的护工。在缅因州，他为一家出版社做了一个夏季的推销。在所有自费就读的学生中，他拥有无人可及的工作量，至少在他的同学中没人比他做得更多。

艾萨克·考克斯是一名来自费城的学生，就读于梅里登的达特茅斯大学，他也同样是半工半读。为了支付全部学费，他什么工作都愿意去做。夏季，他在怀特芒廷宾馆当服务员，并且当上了领班。像福莱斯特先生一样，自立自强并没有耽误他的学业，他在班内一直成绩优秀，还是个个性坚强的年轻人，最终凭着个人的顽强奋斗，取得了出色的成就。

里查德·威尔连续4年在哥伦比亚大学获得奖学金，为此他成为人们关注的焦点。人们关注他的原因有二：一是因为他出色的个人学业成绩；二是因为为了赚钱他可以把所有休息的时间花在工作上。为了交齐学费，他常常放弃休息的时间，哪怕薪水只有1美分！4年的求学路上，他脑子里只有两个概念，第一是学习，第二就是工作赚钱。

以上我们提及的这些受到过高等教育的年轻人，他们或者是毕业于高等专科学院，或者毕业于国内的本科院校，这些人都有一个共同特点，他们发自内心地认为，作为当今国家的年轻一代，大学的高等教育是他们所必须拥有的。至于他们是否能够承担求学的费用，很明显，在一定程度上并没有对年轻人的求学决心造成多大阻碍，相反，对他们来说，反倒明显地激发了他们的奋斗决心，或者说，他们没有一刻认为学费是他们大学路上的障碍。

有这样一份调查，主要目的是取得关于贫困学生为了求学而打工时所面临困难的确切数据和了解一些现实状况，这份调查首先发现的是，列表内共有54个具有代表性的大学和学院，在此类学校里，有这样一个学生群体，约有40000人，他们每人每年平均消费额是304美元，其中最高的消费额也只有529美元。在这些学校当中，还有一些小型的院校，生活在其中的学生每年则有着更低的消费额，最低消费限定在75至110美元。当然在所有的提及者中，也有少数学生的消费额每年会达到150到200美元，有极少人的消费达到1000美元但不会超过这个数字。

在西部以及南部的大学之中，那里学生的平均消费水平还要更低一些。例如，在18所西部知名的大学院校当中，每年学生的平均消费水平在242美元左右，而在14所东部的知名院校中，每年的平均消费竟高达444美元。

在一些最出名的东部院校，在进行学生消费和自给自足机会方面的调查统计时，出现了一些意料之外的福利。

阿姆赫斯特校区对未来担任国家公职的学生可以免除学费，对那些品德良好、行为端正并且学习成绩优秀的学生设有100个奖学金名额，还有一些免费宿舍、低利率的贷款，学生还有众多的机会打工赚钱，包括家庭教师、酒吧招待、速记员、建筑看护、报纸投递、洗衣房代理、图书销售等工作。综上所述，那里的学生每年500美元将足以满足所有必需的开销。

鲍登学院有近100个奖学金项目，数目在每年50到75美元。对于个人习惯、爱好没有过多限制，而那些受雇于图书馆和实验室的人员，他们可能挣得自身消费的1/4。在一个学年中，学生获得的这部分工资，在300到400美元之间。

布朗大学有超过百个的奖学金项目，而且还有一项贷款基金。那些在教学楼打工的学生可获得免费住房居住。只有勤奋学习和节俭的学生才有资格勤工助学。学生们有多种多样的方式外出打工赚钱。在那里学生平均年度消费额在500美元左右。

哥伦比亚大学学生的平均消费水平在557美元左右，最低消费也在387美元左右。有相当大一部分学生已经掌握了在大城市中生存的技巧，也就是说，他们能够以自己的方式顺利度过在哥伦比亚的求学之路。

在康奈尔大学无论是新生还是老生，只要品学兼优就有机会减免学费和住宿费。那里还有一项36人为期两年的奖学金计划，共计200美元，主要是奖励那些在竞赛中取得优胜的新生。还有一项512美元的州立大学奖学金。有的学生为了赚钱，可以去做酒吧服务生，帮人速记，或者做报务工作等。在那里，平均每年每人消费额在500美元左右。

在达特茅斯大学则会有300个学术奖学金项目。50美元以上的奖学金按学生在班上的名次来分配；有一些宿舍可以免费租用。要求学生严格遵守纪律，生活节俭和克制享乐；有多项工作可供贫困生选择。个别人年度的花销不超过 250 美元，在此地平均消费额在 400 美元左右。

在哈佛大学约有 275 个学术奖学金项目，每人每份在 60 到 400 美元之间，这里还设有高额资助和贷款基金，在 50 到 250 美元之间，可将其发放或借贷给那些贫困、上进的在校大学生。大学新生不太熟悉生活环境，那里有专业的职业介绍委员会，学生打工的形式也是多种多样的，有速记员、打字员、报告撰写、个人家教、出纳员、点票员、歌手等。在那里的年度消费，包括衣服、书本、洗漱用具、文具、实验收费、社会交往、期刊订阅及其他各项服务，在 358 到 1035 美元之间。

宾夕法尼亚大学最近给 315 名学生发放了 43242 美元的奖学金，发放对象只限于学习成绩良好者，学校没有贷款项目，也没有免费宿舍。许多学生都只是赚取部分生活费，只有很少一部分学生能自给自足。这所学校每年学生的平均个人消费，包括衣服和交通费用等诸多方面，大约为 450 美元。

卫斯理大学可全部或部分免除学生的学费，最高人数可达在校生的 2/3。这所学校还有学生贷款基金。但受益人必须行为节俭，不酗酒，并且要有好的学习成绩和品德。很多学生都在自食其力，现有 35% 的在校生正在想方设法赚钱。这所学校年度人均消费水平在 325 美元左右。

耶鲁大学学术奖学金项目日益丰富，奖金也相当丰厚。各方面表现出色、学习成绩优秀、能按时到校上课的学生每学期可免除 40 美元的学费。学校里有很多学生都能自给自足，在耶鲁大学，一名学生的年度消费在 600 美元左右。

美国有几所声名远播的女子学院也为求学的女孩子们提供了非常有利的机会。

在密歇根大学有很多女孩自食其力。“她们中大多数人，”女子学院院长艾里扎·莫舍博士说道，“是以教师为职业来赚钱。对于学生来说，在两年中经常有很长一段时间是出去挣钱，为了完成学业，这对她们业已稀松平常。一些各方面都很出众的学生就是这么做的。她们为了减少自己的个人花销，经常在宿管处做服务工作，用劳动所得来折抵本人的费用。另一些学生是吃住在一些教授的家里，不过，她们要做的就是每日 3 小时的家政服务。还有一些是在本系教职工的家里，为其照顾和看管孩子，每天也要工作 2 到 3 小时。有个女学生极具勇气和热心，去年在一艘大湖汽船上当女服务员，今年她又匆匆离开，去做同一份工作。她的目的是赚足 100 美元，有了这笔收入，她可以支付自己的食宿费，还可以用来支付明年的个人开销。在这个内陆的小镇上，你是很难找到令人满意的服务工作的，只有少数的几户人家乐于为大学女孩提供好的雇用机会。”

蒙特霍利约克学院的校长玛丽·伍立女士说：“我认为，作为一个女孩子，如果身体健康，智商正常，那么你就具备了作为一名大学生的基本条件。就我目前所知，那些靠打工赚钱，自食其力的女孩，部分已经完成了大学学业，她们的职业主要集中在家教、打字和速记。她们中的一些人，一边上学，一边找工作，只是为赚一些零用钱。这些学生做一些如家教、打字和缝纫方面的工作。夏天则在图书馆或其他办公室打工服务，当然，还有各种各样的女孩子乐于接受如筹备晚饭、照管房屋、执行委托以及各种报务工作之类的职业。在蒙特霍利约克，你可能不会有太多的机会去赚取大笔的收入，但对于那些心灵手巧的女孩来说，要想通过身边的机会去挣点零花钱，那绝不是一件难事。”

国内的免费义务教育在蒙特霍利约克你就可以获得，而作为补偿，学生们所要做的就是每天最多 30 分钟或者 50 分钟的家务劳动。每名学生都有机会获减 100 到 150 美元的求学费用。此法曾在韦尔斯利应用，但现在只限在为数不多的几个地区实行，但在布尔茅尔、史密斯、瓦萨尔等地，还包括其隶属的一些专业学校，如巴纳德学院和拉德克利夫学院还没有推广。

在城市大学，例如上面提及的两所院校，在食宿方面的消费要略高于乡村，并且通常情况下，在乡村，学生打工赚来的钱往往很难支付城里大学的费用，对于他们来说，要想一边上学，一边来解决大部分的求学费用，难度是相当大的。

在巴纳德，有这样一群女孩，通过做各种她们能找到的工作，为自己赚足了衣服、书本等费用。在那里，对于未毕业的在校生而言，如果想要从事家教职业，有相当大的困难，因为在申请的列表中总是会有大批的资深教师与之竞争，并且多是以钟点收费。打字行业最受欢迎，有一名学生做得非常出色，曾担任一家公司的代理，最终通过打工赚到的学费完成了自己的学业。而另一位来自纽约下东区的俄罗斯犹太女子，在纽约开办了一家运动装商店，雇用了大量的妇女，主要生产女装和童装，她以这种方式解决了自己所有的教育费用。

“你们的学生都是以打工的方式来完成学业的吗？”一位布林莫尔的官员这样问道。

“有一些，在一定程度上来说，不是很多。”校方答道，“我们这里学生的最低消费在 400 到 500 美元之间。这个数字包括了学生一年内正常的生活学习费用。有两位女孩，她们一位通过帮助管理图书馆，同时销售文具的方式赚钱来解决个人的部分学费，另一位则是帮人发放邮件，而大多数的女学生还是以家教为主。那些做家教的学生，上一节课挣 1 到 1.5 美元，就这样积攒起自己的收入。一些特别出色的学生一节课最多可收入 2.5 美元。但是，要靠打工来支付个人的全部在校费用，同时还要保证自己的学习成绩不落后，这对于一名学生来说着实有些辛苦，在过去的实践中也只是偶尔有几人做到，而少数的几个则是半工半读。”

当同样的问题问及瓦萨尔大学的学生时，得到的是下面的回答：“是的！至少我知道有这样一位女孩，她在自己的房门上挂了外套熨烫的招牌，她因此赚到了好多钱。当然，这里有好多富有的女孩，她们很喜欢女孩为她们提供的熨烫服务，也乐于支付服务费。就这样，这个女孩只是在晚间和周末工作，就赚了好大一笔钱。

“还有另外一些女孩，她们赚钱的方式很不一般，是给当地的两大巧克力奶油加工商做代理。

“在健身房里，为那些正在健身锻炼的人弹奏钢琴也是一种赚钱的方式，一些擅长绘画和写作的学生则创作一些趣味漫画，或是编辑一些虚幻的神话故事，在当地出售，偶尔也会将其送到纽约的书店去销售。其中也不乏一些人为报社和杂志社撰写稿件，那些精通音乐的女生还在波基普希学校教起了学生。的确，在这儿有大量的女孩想方设法赚钱付学费。”

打字、做家庭教师，还有在图书室、实验室、办公室当助理，是学校中比较流行的职业。此外，还有少数女生从事的是给别人化妆、梳洗等女生擅长的服务，除了这些普遍的职业外，一些学生还会去夜校代课，当然，这必须是遇到主讲教师有事不能来上课的时候。

在很多大学有一些心灵手巧的女孩子，还会给那些生活费有富余的同学做一些如裁缝、修补或是服饰再加工的工作。若是制作健美服和泳装的话收益会很不错。女式衬衫已成为大多数女性的必需品，而对于那些着装讲究的女性来说，她们总是不满足于自己所拥有的漂亮衣服，偶尔一次时装展示，就可能勾起她们内心的购买欲。这当中也不乏心灵手巧的艺术生，利用个人的构思和手艺，自己缝制出样式独特的女式衬衫，结果，这些衬衫要比专业的缝纫产品还受欢迎。

在当前美国社会，任何一位身体健康、精神抖擞且具备生活毅力的男孩或女孩，都希望自己可以步入大学的校园，获得高等教育，除非他们遇到迫不得已的事情，否则他们绝不会放弃。

在阿利盖尼西部，那里的大学教育是对全社会所有人群开放的。在大多数州立大学内，学费是全免的。

例如，在堪萨斯大学，学生食宿的费用每月只有 12 美元，每年的学费是 5 美元，平均每个学生一年消费不会超过 200 美元。在俄亥俄州立大学，所有的学费全部免除，要知道，在半个世纪前的这片领土上，大多数受教会掌控的学校，在收费方面要比其他普通的学校低得多。也许是因为俄亥俄州大学的收费较低的缘故，在这里有最高的大学生入学率。就另一方面来说，如果西部地区的整体消费越少，那么东部地区勤工助学的机会越高。对于那些即将进入大学的新生来说，在没有开始他们的学习生活之前，应对自己将要面临的问题做一个细致考量，不可盲目乐观地认为大学教育是不必担心的事。

达特茅斯大学前任校长塔科尔说：“当那些自强自立的学生去工作时，做得既轻松又有利可图。如果不是这样，你会因无法筹集到生活必需品而烦恼不堪，还有那些你身边必须去应对的事物，同样会占据你本不该浪费的时间。无论家境是穷还是富，在学生中都有出类拔萃的各项学位获得者。综观大学校园内，在大多数情况下，家境贫寒往往对于学生来说是一种客观激励。我认为达特茅斯大学已具备了这样成功的实例。即使你具备了多项客观优势，学生本人的毅力和决心才是最关键的。我想说，经过我本人的观察和粗略统计，从我们当前的事实来看，我们达特茅斯的学生要比几乎所有的美国大学的学生更加出众，他们给我们带来了更多的荣誉。”

如今的世界有更多的机会，相当于半个世纪前的 10 倍。康奈尔大学前任校长舒尔曼在谈及他的早期生活时曾说：“13 岁的时候，我就离家开始谋生，未来会怎样，我根本就没有一个明确计划。对于经过的村庄，我都想尝试着走进去，脑子里唯一的想法就是赚钱。

“我的父亲将我安置在了离我家最近的一个小镇——萨默塞德，这是一个只有 1000 多居民的村庄。在这里工作的第一年，除了食宿费用之外，我得到了约 30 美元的报酬。当今社会的年轻人怎么也想不到，每天从 7 点一直忙到

22点，一年竟然只有30美元的收入！ 可我却很高兴能来到这里，因为这毕竟是我新生活的开始，是我走向世界的第一步。这里让我见识到了太多的新事物，让我明白，世界是如此广阔，在我眼里，这就是一座大都市。

“从我开始工作的第一天，一直是自食其力，细数我的童年时期，不是我自己挣来的钱，我从未花过一分。第一年工作结束后，我去了镇上的一家大商场。在那里，我的工资上升到了60美元。我的薪水增加了一倍，看来一切都很顺利。

“我总共在这儿待了两年，随后我选择了离开，因为我下定决心去接受更好的教育，我明确我的方向，我要上大学。

“除了我自己努力以外，我当时根本不知如何进入大学的校门。当时我的身上只有80美元，那是我在世界上的全部资产，是我多年工作的积蓄。

“当我将我的计划告知我的老板时，他极力想劝阻我放弃这个念头。他给我指出了我求学的过程所要面临的困难，他甚至向我保证，只要我能留下来，他将给我支付双倍工资。

“那是我人生的转折点。一方面是确定的每年120美元的高额薪水，那绝对是我渴望已久的高额工资。我深深懂得，这120美元在爱德华王子岛上意味着什么，尤其是对我，一个出身贫困的打工者，这么巨大的数目可是我之前未曾拥有过的。而另一方面，我多么希望自己可以获得好的教育。我知道，大学生活对于我一定充满了艰辛，甚至最后的结果是以失败而告终。但我决心已定，我不会放弃和后悔。尽管我本可以成为一名成功的零售商，而且那高额的报酬的确让我心动，但这一切只在我的内心一闪而过，我明白什么才应是我最后的选择。

“带着那80美元的资产，我首先进入了镇高中，当然，这都是为了早日踏进大学的校门做准备。我在那里做准备的时间只有一年，而且我的钱只够维持我在这里待一年。为了学习，我可以在一天内学拉丁文、希腊文、代数等多种学科。在接下来的40周的时间里，我一天比一天学得努力。就在年末的时候，我的机会来了，我参加了在夏洛特敦的威尔士王子学院举办的一次竞赛性考试，争取的对象是一份高额奖学金。我其实对取胜并没抱太大希望，考试前准备得也很仓促，但当考试结果公布之时，我惊奇地发现，我不仅获得了这笔数目可观的奖学金，而且我还获得了竞赛冠军！

“我所获取的这笔奖学金，只够一年60美元的花销，也许这看起来不是很多，但现在回想起来，我应当说这笔奖学金的获得，是我一生当中最大的成功。因为在30年的人生经历中，其他的奖励我也同样获得过，在数目上比我的第一次奖学金不知大多少，但它们却有着本质区别，第一次成功是基础，是事业起步的基石，一切都从此开始，没有它就没有今天的我。”

舒尔曼总共在大学里生活学习了两年。他除了以自己的奖学金作为生活来源外，还帮镇上的一个零售商看管书籍，从而为自己赚取一些收入。在学习期间，他总共花销不到100美元。此后，他在一所乡村中学从教一年，后来，他来到位于新斯科舍省的阿卡迪亚大学，在那里继续完成他的学业。

舒尔曼在阿卡迪亚大学的一位同学说：“他之所以这样引人注目，主要是因为他拿到了每一份他所争取的奖学金。”在他即将毕业的那一年，他了解到，在伦敦大学有这样的一份奖学金，是由加拿大学院的学生主办的，目的是鼓励院校之间的竞争。这份奖学金每年可提供500美元，总共3年。这个消息让舒尔曼怦然心动，因为他知道，要想继续他的学业，这是一个再好不过的机会。他抱着试试看的心态参加了评选考核，最终结果可想而知，他获得了这项奖学金，并且以此为契机，从此跻身于加拿大最优秀学生的行列。

在伦敦大学的3年时间里，舒尔曼先生开始对哲学产生了兴趣，并对哲学进行了深入研究，他甚至觉得，自己已经在哲学中发现了人生的意义。他为了学好哲学，准备去德国进修，因为那里有着世界上最前卫的哲学思想和最伟大的哲学导师。就在他苦苦渴盼机会之时，伦敦的哈伯德学会又向他敞开了机会的大门。同样是一份奖学金，这是每年2000美元的出国奖学金！之前，曾获得这个奖学金的学生大多来自一些名牌大学，以牛津和剑桥的学生居多。然而，这一次舒尔曼获奖了，这位来自爱德华群岛的学生，让所有参赛者眼前一亮。

在德国学习结束之时，舒尔曼已是一名哲学博士，随后他回到了阿卡迪亚大学任教。此后不久，他又被召到新斯科舍省的哈利法克斯，并在戴尔豪西大学从教。在1886年，康奈尔大学校长怀特先生在一次聚会上遇到了这位年轻的加拿大教师。当时的康奈尔大学正在谋选一位哲学系讲师，于是，校长怀特马上决定聘请他出任此职。两年以后，舒尔曼先生已升任为康奈尔大学哲学系主任，并且在1892年，当校长的职位出现空缺之时，众望所归之下，舒尔曼立刻接任了康奈尔大学校长的职位，你也许根本想不到，当时，这位年轻的校长只有38岁。

以下数据是一位著名的阿姆赫斯特大学毕业生所提供的，这些数字是这个热切希望读大学的男孩特别感兴趣的：

"当我进入大学的时候，我的口袋里只有屈指可数的8.42美元。在上学的第一年里我赚到了60美元，并且从校方获取了60美元的奖学金，而且还有20美元的意外收获，我曾向别人借了190美元。就在入校第一年，我每周只有4.5美元的自由消费。除此之外，我买书花费了10.55美元，买衣服用了23.45美元，还有10.57美元用于自愿捐款。当然，还有15美元车费，其他各种杂费共8.24美元。

"第二年里我赚取了100美元。我在一家供膳宿的宿舍内当服务员，整整一年时间，我赚取的工资帮我节省了一半的食宿费用。这期间，我住在老房子里，每周消费1美元。我第二学年的消费总额是390.5美元。在这一年里，我赚到了87.2美元，争取到了一份70美元的奖学金，还有额外赠予的12.5美元，借取了150美元，所有这些刚好满足我本年的消费。

“在我学习的第三年，我以每年 60 美元的价格租住了一间装饰完备的房间，房租的支付方式是我为房主打工，主要是做一些文秘工作，我总共赚取了 37 美元。与此同时，我还做餐厅的服务工作，这学期的奖学金还是 70 美元，55 美元是额外的赠予，借了 70 美元，除了 40 美元的学费之外，以上的费用刚好扯平我一年的花销。那一年，我的食宿费和学费所有的开销共 478.76 美元。

“在接下来的学年，我赚到了 40 美元。像前一年那样，我还是住在那间老房子里，还是在餐厅打工，赚取自己的食宿费。在这一年，我还做了一些文秘和家教工作，挣了 40 美元，借到了 40 美元。拿到的奖学金有 70 美元，额外收到赠予 35 美元，取得奖金 25 美元。今年的消费大于前年，总额共计 496.64 美元。但是令人惊喜的是，在将要到来的新一年里，我已为自己找到了一份教师工作，对于那些我暂时无法支付的钱款，我可以暂时开出借条。这就意味着，在我完成学业，顺利毕业的时候，不会有任何资金困难。

“在我求学的过程中，总共消费了 1708 美元，其中（包括连续数年奖学金）我总共赚取了 1157 美元。”

不久前，25 名年轻人毕业于耶鲁大学，他们完全是以自己的方式支付了个人所有消费。如果你仔细关注的话，你会发现他们几乎尝试了所有赚钱的方式。对于他们来说，像家教、抄写以及报务和会计工作，这些都是他们司空见惯的赚钱手段。旅行推销员、油漆工、铸工、机器操作工人、自行车代理商、邮件传递员，像这些工作，他们也都有过亲身的体验。

在波士顿一个特殊街区上生活着 10000 名学生。他们多数是来自乡村或是某个厂区小镇，还有一部分是来自西部的农场。这些学生中的大多数人是靠自己打工赚钱来支付个人的上学开销的。要想变得富有，你必须学会赚钱。表面看起来，这些学生只是在赚钱来支付自己的学费，可实际上，他们是在为自己打开前进路上致富的大门，这是他们获得的最有价值的财富。

所有的年轻人在进入大学之前，不要轻言自己的求学生涯会一帆风顺、毫无问题。

如果亨利·威尔逊当初只是一心在农场工作的话，他绝不会有进入大学校园的机会，因为他的契约要到21岁，他平日所看护的是2头牛和6只羊。要知道，他在契约到期之前，已阅读了近千本书。如果农奴弗雷德里克·道格拉斯一心限于自己的身份，认为在农场读书是犯罪，不去收集带字的碎纸片、仓库上的海报来学习，不去拿旧年历来学习字母表的话，就不会有后来卓然出众的他。当今社会，你几乎无处找寻那些失于教育，为自己的不利条件而苦心奋斗的人。

富兰克林曾说过："如果一个人对于自己的无知不以为意，那么没有人可以帮你。要知道，你在学习中对知识的投入永远会让你得到最丰厚的回报。"

第八章

机会面前——你的选择

要知道，你的母校代代相传的最好的最有价值的东西，并不是你所看重的那些科技、语言、文学、艺术各方面的知识。世上还有一些东西要比这些事物更有价值、更加神圣，那就是你力争进取的壮志雄心。通过学习，你会对自己有充分的了解，认识自己的能力，了解自我能力所能达到的可能性。直到此时，你的人生才算真正有了定论，确定了去做一个什么样的人，在人生当中扮演何种角色，从事哪些最伟大最受人尊重的事业。这也就是说，你在大学里所要学习和掌握的不仅是书本和课堂中的那些知识，还有很多事物会让你终身受用。

以前的任何时代都未曾像今天这样对知识有如此巨大的渴求。当今社会对于专业人才的需求之大也是以前所没有出现过的现象，形成这种结果的主要原因当然是专业工人与普通工人相比能将同一件工作做得更好。在每一间店面的门外都会有这样的招牌——“招聘工人”。虽然世界上有成千上万失业者，但整个世界却又一直在寻求有技术能做工的人。一位专业的受训者在做任何他的专业范围内的工作时，绝对要比那些生手出色得多。到处是对知识的渴求之音，到处都有专业人员的身影，他们自身的技能因为通过专门培训，从而更加稳固和扎实，这正是社会进步所需要的。

在很多领域我们都会见到一些才智平平的人，因为受过很好的教育而领导着一批能力很强，但没接受过系统的教育的人。一个天资聪明的人如果受过专门训练就很容易取代那些未受过训练或训练不充分的人的工作，永远不要忽视教育不足这一不利条件。

当今社会是一个充满机会的社会，尤其是对于那些受过高等教育的大学毕业生来说，以往没有哪个社会能像今天这样为学生提供丰富多彩的从业选择。然而，你也应当看到，在机会呈现的同时，危险和诱惑也从未像今天这样困扰着从业者，更要命的是这一现象的潜在性，它往往让你防不胜防。

所有的教育似乎都有这样的特点，当你接受的教育既不能提高你的个人素质，又没有使你看起来文雅高尚，那么对于你来说，它不再是上天的恩惠，而将成为蚀骨的毒药。一项自由开放的没有约束的教育，对于混迹游荡的流氓来说，往往会使他变得更加无耻和危险。那些受过教育的有头脑的流氓，就是社会上横行无忌的强盗，他们对社会的危害绝对要超过那些小偷小摸的小贼。

每一年都有数以万计的大学毕业生雄心勃勃地跨出大学校门，这时，他们个个满怀立志创业的希望，对于自己的前途充满期待。也许是第一次独闯社会，这些刚出校门的学生身上有的只是毕业证书，而对于现实生活即将出现的各种困难，往往缺少必要的准备。

对于这些大学毕业生，他们需要警醒的是远离对金钱的狂热追求。因为对于金钱的迷恋，将阻挡人们探索更高尚人性的潜能，形成人类更高追求的致命障碍。

当一个人拥有足够的财富时，他的个人能量会得到极大的提升，同时，他也会对周围的事物产生前所未有的兴趣。而一个人是否具有天赋，是否具有艺术水平，在当今社会衡量的标准就是，你的天赋到底能为你带来多大的金钱利益。也许在这个世界，你听到最多的问询就是："我的画能卖多少钱？""要出我的书的话，我可以得多少版税呢？""我的专利、我的特长还有我的业务，你能出多少钱？""怎样才能让我获得最大的收益？"或者有人直接问道："我怎样才能变得富有起来？"你可能对这一切已习以为常，因为这正是对金钱过度追求的结果。而那些毕业生呢？ 当这些涉世不深的年轻人在遇到这样的问题的时候，他们又会做出怎样的回答呢？

人们一生事业的成败，在当今社会越来越明显地以金钱来衡量，而此局面所导致的结果就是，当人们为自己的理想辛勤努力、不懈奋斗之时，由于金钱理念的介入，他们往往不得不改变个人的前进方向，甚至最后放弃了自己的理想。那些艺术家则更为悲惨，长期深陷在金钱的旋涡之中，那些与生俱来让他们引以为豪的艺术灵感，也会荡然无存。商业社会的金钱意识似乎让这个世界慢慢退步，滑向堕落的深渊，甚至最终走向死亡。然而，可怕的是，这样的社会将会不知不觉地毒蚀人们的内心世界。无论你选择的是哪一条创业之路，最终都会有金钱理念映入你的眼帘，然后，再逐渐地占据你的大脑，直到最后影响你的人生。“金钱至上，金钱万能”，许多人其实都是以这样或那样的方式传播着此种理念。即使你加倍小心谨慎，它都在无形之中对人类加以引诱和怂恿。

受过专门训练的年轻人也从未经历过像今天这样大的压力，他们要做的就是出卖自己的头脑，用自己受到的教育兑换金钱以换取个人成功。商业社会金钱万能的理念已深深扎根于年轻一代的头脑之中，对于金钱的迷恋已使他们完全沉醉，甚至到了让人震惊的程度。这样的结果就是即使你内心坚定、思想稳固，也很难抵挡金钱的诱惑，甚至，当你诚聘某人去做某一项工作时，首先要向其说明的就是关于薪酬方面的问题。

金钱在当今社会有其不可抗拒的诱惑，并且有其长久存在的空间，甚至大摇大摆现身于世界，唱响其销魂之音。也许你的体内残存着对其诱惑稍有抵制的血液，但面对如此巨大的吸引，你会不断同化，并最终让你的大脑服从于金钱的引诱。

大量的年轻人往往在毕业之后，抱着对生活的积极渴望，离开了他们所熟悉的专业院校。也许是涉世不深的缘故，这时的他们大多会怀揣崇高的理想和辉煌的幻想，不但对前程满怀希望，并且对毫无把握的事也敢夸下海口。但你很快就会发现，他们中的一些人快速地受到金钱歪风的熏染。致命的毒瘤马上在他们的体内繁衍，而且你会发现，那些毕业生的个人雄心，在经过一段时间的现实磨砺之后，虽然没有退缩，但是竟然和“金钱病毒”搭配成功。就这样，多年以后，那些天真幼稚的大学生式的幻想已渐行渐远，曾对某一事物的崇高展望业已慢慢消逝。在他们的内心世界取而代之的是更加现实的以金钱为荣、追求物质享受、物欲横流的堕落和自私的商业观念。

而对于这些年轻人来说，他们职业生涯中最不幸和可悲的莫过于看到自己当初的理想，还有为个人所设定的高标准，都已在现实社会中消逝和褪去，并且不会有重新确立的可能。其实，也就从那一刻开始，一切只为私利，金钱至上的毒瘤已在他们的体内生成，并且随着时间推移，会在不知不觉之中销蚀和腐化他们的内心世界。直到最后，他们人性的天真幼稚不见踪影，成为现实自私的商业社会的拜金主义者。

你应当时刻注意加强自身意识的防范，做好对“金钱病毒”的抵制。当你毕业走出大学校门，步入现实社会之时，拜金主义的强大影响已在你的人生之路上铺就，只等你踏入，从而腐蚀你那高尚的标准，降低和打击你那“不切实际”的个人理想，并且让你最终变得粗俗不堪。

无论你当初是偶然还是故意地介入这一旋涡之中，你将不可避免地，而且是连续不断地遭受那些低俗理念的侵袭，结果就是促使你向自私粗陋的方向发展，并让你成为“金钱万能”的又一臣服之人。无论是男是女，只要你生存在当今社会，如果没有什么过人的抵抗力的话，你就无法摆脱拜金对人类的困扰。

在 19 世纪，大学毕业证书代表的是个人素质的高水平和人性的高贵，而在当今社会，对于大多数毕业生而言，毕业证书不过是无用的纸片。为什么会出现这样的局面，一般人很难说清。

任何一个离开大学校园或是专业学校的学生，都将不同程度地受到周围环境影响的冲击。这种冲击可能是潜在的，但对任何人产生的作用几乎是相同的。还有更加让你无法接受的是，当初雄心勃勃的高尚理想和那些带有幻想的前景规划，那些正经在大学准备了 4 年的计划，却已在堕落的物质社会里，被碾压冲击得不可收拾。你可曾想过，不但你的个人理想无法实现，就连你的人格品性也将受到严酷的摧残。然而，对于这些受过高等教育、有着专业技能的毕业生来说，应该能够抵制住这种冲击，抵制住种种诱惑。

在当今现实社会，那些有过高等教育经历的人，他们本可以发挥自己的能力，将所从事的工作做得更加完美和出色，而不是简单地把金钱装进自己的口袋。人人都应该明白，赚钱赚得多的人不一定做人就做得好。也就是说，做一个有百万钞票的阔佬不如做一个有智慧的人，一个有文化的人，一个善于帮助他人的人，一个高品质的人，换言之，做一名真正的绅士。

无论你从大学校园里取得的是什么样的学历，无论你在你的工作中创造了怎样的成就，没有其他的称号能像“绅士”这样意味深远，这样高尚。

哈佛大学前任校长埃利奥特曾这样感叹道：“培养一种高尚的荣辱观念是大学生涯最好的收获。”然而，缺乏了这份绅士必备的荣辱观念的学生，没有学到大学教育的精髓。

对于那些幸运的毕业生来说，他们的未来就像是一块纯白的大理石，未经雕刻地静候在他们面前。这些毕业生在校受到的教育、拥有的技能就好比是他们手中的凿子和木槌。这块大理石最终被雕塑成什么形态，完全取决于他们的个人理想和对于自身的认识。它是天使还是魔鬼？现实的前景就生生地摆在你面前，当你步入社会之前，你可想过坚守自己的理想？你会抡动斧凿将巨石震碎，让人看到的只是不成型的或是丑陋不堪的碎片吗？或是找到一个成功的让你可以借鉴的模型，不仅让未来的一代见识到它的美丽和优雅，而且吸取成功的经验，成为你前进的最有力的参照吗？

能力越大，责任越重，谁也不可能分开两者的关系。自由开放的高等教育往往带给受教育者的是超乎想象的责任感。它有着你无可逃避的责任，当你的灵魂受到冲击而枯萎，并且发现自己的学习结果毫无用武之地时，那将是你带给自己的最痛苦的惩罚。对于大学毕业生来说，臣服于卑微、堕落的现实，是一件很丢脸的事。恰恰是在这一点上，和那些没有受过高等教育的人相比，两者会有不同的想法。在粗鄙的现实社会，这些受教育者已逐渐领悟到金钱的能量，权势的宏大，学到了那些在大学校园无法掌握的事物。他们不会放弃，只是希望自己可以成功立于人前，而不是被人看扁；去昂扬进取，而不是低头屈服。

当一名受过高等教育的大学生，因步入社会而刻意改变甚至是放弃自己的理想之时，所有的人都禁不住为之叹息。如果是一个从未受过教育的人，并且对于现实也不曾有深层的理解，当他在出现这种现象之时，人们就绝不会有像对于大学生那样的强烈反应。因为对于当代的大学生，他们身上背负着太多的责任和期待。当人们对他们评价和谈论之时，总是像当初的林肯谈及惠特曼时说的那样："做人就应该这样。"

社会有这种权利去对毕业生加以期待。当他们面对现实，感受到社会的巨大的冲击之时，社会永远不希望他们背离原有的路线，放弃最初的崇高理想，至少不要让他们的母校因此而蒙羞，那是因为母校使他们的人生发生了改变，并为其提供了广阔的机会。还有一点明确的期待，那就是让那些手艺熟练的工匠发展成为艺术家，而不只是一个简单的工匠。期待是没有止境的，社会期望所有的大学毕业生都能出类拔萃，成为社会前进的推动力，希望他们能给没有机会的人们以启迪。更深层的原因是要让世人都能明白知识的力量，并以他们作为自己未来的榜样；社会最终希望他们积极向上带动文化和人类文明的发展，使每个人都有机会体验生命的辉煌。这只是人们善意的希望，而另一方面呢？人们当然不希望这些优秀人才成为贪婪邪恶的带头人，成为唯钱是从的守财奴。在社会上生存，要记得远离堕落肮脏的泥坑，那是个无底的深渊，沉浸于此的多是失去理智的有钱无脑的蠢材。

如果你具备了某种能力，而且已经发现了更加合适的机会，就说明你已被赋予不同寻常的责任，去为你的同胞做些事情，这也是你内心的呼唤。

如果求学的火炬已在你手中熊熊燃烧，那么你所要做的不只是将其举高照亮，更要领会火光的重要意义——学会用它来照亮你的前进之路，让你可以及时躲开那些不幸的障碍。

世界上就有这样一群人，不仅愚昧无知，而且往往固执己见。当你步入社会，他们就会不期而至地出现在你面前，而你又无权阻止这些人的出现，他们有着个人的自由。对于大多数受教育者，他们往往都在接受这样一个潜移默化的思想：我是一名受过高等教育的人，我有知识，我要用我的才能来提升我的生活水平，只有这样才显得与我的才能和机遇相匹配。你所能做的就是明确你在这世界上生存的主旨，对于一切艰难险阻，表现出你的刚毅和活力，并且能坦然接受，清醒面对。

我们应当如何看待那些受过高等教育的人呢？就他们自身来说，已具备了上天恩赐的财富——有知识的头脑，有着令人羡慕的大学生的身份，他们具备了帮助同伴摆脱困境的能力，甚至让某些人从愚昧和无知中解放出来。可他们会怎样运用呢？的确，他们每个人都拥有上天恩赐的财富，出色的个人素质，不同于常人的善于思考的大脑。可当他们没有同他的同伴携手前行，在自己沉溺堕落的同时，却反而影响他身边的人，拖其下水。无论他是一个文坛高手还是画坛巨匠，在他的事业当中，引诱会时时来袭，利用他的思路去出书，设计图画，不管做法如何，最终只是对他加以误导、引诱，从而使他更加堕落。他那仅有的才能也许偶尔会灵光一现，但他只是用来拉拢和引诱他的同伴，使其迷失在布满暗礁和岩石的深渊，他绝不会用来作为灯塔，让人们进入安全的港湾。

我们可以把那些持械入室的窃贼关进监狱，可是该怎么对付那些受过教育的骗子呢？他们用专业的头脑和良好的个人素养来欺骗整个社会，就在别人把他们作为前进的向导之时，他们所做的不是积极的指导，相反，却让别人一个个步入堕落的深渊。

“你能做的最伟大的事就是找回真实的自我。”

一位伟人曾说过，人们一旦发现自己只有半条命时，没有人会为他的半生成就而满足，因为他那剩下的得不到的人生，会让他永远遗憾。你的高超技能已初步让你领略何谓高层生活。不要放弃你在大学生活中树立的理想。好好把握自己，不要让大量的低俗小利影响到你的进取，因为无论你走到哪里，它都会在不经意间闯入你的视野。你要直面这样的现实，总是有人正面或是隐匿地向你暗示，你的教育成果可以转换为金钱，为你带来财富，如果你一再地坚持你的崇高理想，也许只会一无所得。但只要你稍一降低你的标准，放任你的知识用于低俗事物，就会自取其辱。

记得要对自己说："这件事如果连我都不能完成，那么就不可能有人完成。"

专业人员的任务就是向世界展示他是一个更专业、更好的人。

世人都期盼那些受教育者可以通过工作，利用所学的知识和技能为人类带来美好的未来，开创更好的局面，发现更高层次的事物，让人们可以享受知识带来的成果，而不是像那些无知的人，只知有自己，不知有他人，完全没有造福人类的概念。"太好了""太棒了"无论是夸赞知识分子的人品还是褒奖他们的工作，似乎都有些欠缺。最好的奖励就是那些受教育者应当向人们展示他所学的技能，向人们说明他是如何全身心地投入工作中的。低标准、马虎工作、无目标、三心二意，在那些受教育者日常工作计划中是绝不应该出现的。

对于那些受过高等教育的人来说，搞砸自己的工作是一件很丢脸的事，同样丢脸的还有受教育者降低或是放弃自己的理想，或是质疑他的老师，更有甚者是让曾对他进行培育，为他创造了成功的机会的母校蒙羞。

"多观察你的榜样示范，不要总是把眼光停留在你自己的表现上。"这是一位校长在各地考察时对学生们的忠告，意在指导学生们的工作。而我们大多数人所面临的问题就是不能多去向他人学习，不能借助他人的经验。应该说，我们失去了当初的自我。一个受过高等教育的人应当具备开放的头脑和心胸，可以时时借鉴他人的经验，从而改善自己的工作，排除外来影响，消除误解和干扰，这样才能使工作更有效。这些干扰的存在，严重破坏了那些思路狭隘、未经培训的头脑，因此只要你具备开放的头脑，你就可以减少外来的侵害。

刚出校门的毕业生们应当有足够的思想准备，去克服以上我们所提及的、走向社会时即将面对的事物。只有这样，他们才可以充分发挥自己的所学才能，将所有精力放在有价值、有意义的事业上。

就在一出戏剧刚刚落幕时，我们经常会听到这样的评论："这是一出成功的艺术表演，经济收益上却有些失败。"当人们在接受教育之时，应尽可能地发掘自己的内在潜能，做一个了解现实的人，而不是脱离实际的失败者。你应确认你应当成为知识的主宰者，而不是成为知识的奴隶，被它所掌控。

当你只知向别人炫耀你手头的毕业证书时，你得到的会是他人的嘲笑和奚落，这样的结果同你遭遇失败是一样的，因为你没有把你的教育应用于现实的事业当中。

知识只有应用于现实生活中，发挥其作用，才能体现出本身的能量。

你所学的知识被你应用时，第一个受益者就是你自己，其次，才是你周围的人。

当你步入现实社会，你所面临的最大问题就是你将如何应用你的知识，也就是说你会用所学知识做些什么。你能够把所学知识转化为能量，在现实社会中应用吗？ 有的人能够读懂拉丁文拼写的毕业证书，但他的证书却不一定是通过教育途径得到的。世界就是这样，有的人虽有大把钞票，却不一定拥有受过教育、高素质的头脑。而知识可以被应用，去赚取大把的钞票，这些知识又构建了教育，只有教育能够实现这一目标。在这个国家有数以万计的大学毕业生，他们在校所学的知识还从未应用于现实社会，没有助力其工作目标。同是有知识的人，但不同的是，每个人对知识的掌握程度不同，即使是学习同样内容，也要看学习者是如何将其转化为现实能量，如何将知识转化为自己未来事业的资本。

就像小小的蚕可以将桑叶转化为漂亮的绸缎，你要做的就是把所学的知识转化为现实应用。

生活的知识不会主动向你展现其实用性，你所学知识的用途需要你用心去找寻和开发。

无论在什么地方，大学生都应该具有卓然出众的形象。他们因受过良好教育而拥有的优秀素质，让他们在任何环境下都可以通行无阻。通过大学的学习，大学生的个人心智和知识水平都会得到提升，同时也会找到进一步提高修养的空间，这不仅会增添他们的快乐，而且还会增强他们的自信。要知道，自信才是你闯荡世界最重要、最需要的工具。在很多方面，我们都会看到那些能力突出的人终身为自己没有受到良好的教育而感到遗憾。受过专门培训的人可以利用他的智慧昂首走遍世界，而且意识超前，在任何地方都不可能扮演无知的角色，不大可能被人忽略并因此受到伤害。这也说明了知识的保障作用，知识不但可以给人们带来无限的满足，还可以增强人们的自信。

换句话说，文化教育让一个人更容易找回自我，找回更多的自信。同时，还会让我们有巨大的成就感和满足感，因为在受教育的同时，人的思维得到拓展，心智领域得到开发，要想达到这样的结果，就不能让易受影响的少年时代光阴虚度。

要知道，你的母校代代相传的最好的最有价值的东西，并不是你所看重的那些科技、语言、文学、艺术各方面的知识。世上还有一些东西要比这些事物更有价值、更加神圣，那就是你力争进取的壮志雄心。通过学习，你会对自己有充分的了解，认识自己的能力，了解自我能力所能达到的可能性。直到此时，你的人生才算真正有了定论，确定了去做一个什么样的人，在人生当中扮演何种角色，从事哪些最伟大最受人尊重的事业。这也就是说，你在大学里所要学习和掌握的不仅是书本和课堂中的那些知识，还有很多事物会让你终身受用。

在你所有的选择中，最宝贵的就是你个人的提升，勇气和灵感，而所有这些你尽可从你的老师、你的同学那里学到，这些东西完全是大学精神的化身，是你所在母校精神的体现。你只有具备这些素质，才能不断锐意进取，充满渴求，而不是随意地卑躬屈膝。记着要向前看，不要回头。

大学毕业生应当将他所受教育视为一种神圣的责任和一种可以应用的能量，教育不仅是单独用来作为个人提升的工具，或是满足私欲的手段，还能用来改善人类生存的环境，为人类的生存做出贡献。然而，事实却恰恰相反，很少有人将上天对他的恩赐完全充分地发挥出来，除了为个人目的所做的以外。这样的做法，有如寓言中愚蠢的农夫，为了保存个人的谷种，将其深置于箱子之中，而不是将种子埋置于地里，使其生根发芽。因为，这个农夫只怕种子一入地，就无法收回。

那些隐藏自己的所有，不将其献给世界的人，其实都在冒着极大的危险，与此同时，他是在将自己的心智和精神品质消耗殆尽。

将自我展示于人前的方式有很多，并不是单一地将自身能力卖到最高的价钱，而是你毫不吝啬，真诚宽宏地对待你的同伴。要知道，花蕾若是为了保护它甜美的花蜜，把它深藏在花瓣之间，甜蜜和美丽都会慢慢消失，只有当所有的花瓣绽开之时才能尽显自己的美丽。那些故步自封者是不会有什么发展的，他们总是想把自己所受的教育，自己所拥有的能力都为自己单独所用，总是向外观望着机会的到来，这样他只会让自己处于束手无策的境地，束缚了能力的发展。

你我所面临的最大麻烦就是，以个人目的或是以金钱目的向别人极力推销自己，其实我们是在作践自己的生命，泯灭我们那原本善良的天性。

大学毕业生应向世界表明，他们身上有些东西是不容亵渎的，有些东西标着“绝不出卖”，这些东西是别人用重金不可能收买的，任何利诱都难以哄骗和影响的。毕业生们应当严格控制自己的所作所为，别人一旦出现收买企图，或是想要贿赂你，又或是让你屈从低级或值得怀疑的事情，你内心自然地会产生一种抵抗之力，将其视为一种耻辱，排之于外。

大学毕业生经常被平庸之辈所诅咒，这些人由于起点不高，总是沿着平庸之路向前摸索，而且他们本人也总是过着慵懒自私的生活，大多数人不善于在人前展示自我，自身所具备的许多优势完全不为他人所知，更加辜负了给他们机会、培养他们的母校。

只要你没有完全掌握人生辉煌的秘诀，就说明你还没有从你的母校学到那最完美的一课。亲爱的朋友，当你离开母校之时，无论你学何种专业，请将其展示出来，不要将那最美好的事物深藏不露，请将那高贵壮美的理念吐露于人前，不要让其随金钱的争夺而遭受扼杀。在你的生活中请加入美好的事物，不要让你具有的美感和追求的天性，在构建美好生活的过程中，逐渐萎靡和退缩。众多毕业生已成前车之鉴，不要为了金钱和权力地位，失去我们原本具有的天性、友谊，还有好名声。

无论是赚钱还是赔钱，你都不要因一点小利而向他人出卖代代相传的资本——你的好名声。请记住，无论你将来取得怎样的成功，都不要让别人在背后有这样的评论：他虽然事业很成功，但做人却非常失败。

当雕塑家威廉·斯托里被邀请去为他本人的巨型雕塑揭幕，并进行演讲之时，他没有过多的言辞，只是手指雕像，对观众说道："这就是我的演讲。"

在你我生活之中，所需要的不是过多的赞颂之词。其实，事实会给你最好的回报，你完全可让你的成功说明你的能力。无论你个人积累了多少财富，你所拥有的最有价值且最不可磨灭的财富，就是你清白的赚钱记录和那没有污点的名声，这是挥之不去的。只要你拥有了这些，那么在你的生命中所有的房屋、股票、红利，这些富人所拥有的必需品，对你都不再重要。

当今社会为那些受教育闯社会的年轻人提供了前所未有的机会与挑战。机会就摆在你的面前，你会做出什么样的选择呢？

第九章

顺应天性选择职业

在人们实现人生的价值，享受高品位人生之时，总是伴随着一定的个人偏好追求，它令你找到工作的欢乐。

——爱默生

提及人类发展史上的诗人、艺术家、哲学家，或人类科学专家，他们的职业可能最初都或多或少受到父母和老师的反对。当他们受到外来干涉之时，人的天性占据了上风，使得他们将自己喜欢的事业坚持了下来，鼓励着他们的离经叛道、秘密行事或是瞒天过海，甚至离家出走颠沛流离，但正因如此，世界才没有失去这些千年难遇的精英人才。

——E.P. 惠普尔

有一个闻所未闻的声音，它呼唤我，让我走出去；有一只你不曾见过的手，它在指引我前进的方向。

——蒂克尔

“詹姆斯·瓦特，我从来没见过你这样的懒散家伙。”他的外婆曾这样说，“找本书来看，做一点你该做的事情。过去的半小时，你都没有说过一句话。你明白你都在做些什么吗？ 你倒是解释一下，你总是把茶壶盖拿下来再放上，放上再拿下来。你总是在水蒸气上轮换放置各种器具，又是茶碗又是汤匙的，你总是在收集那些器具上形成的小水珠。把时间浪费在这些愚蠢的事情上，你不觉得丢人吗？”

这个世界已证明老人的说法是错误的，如果当时的詹姆斯是按她的说法去利用时间的话，世界上的你我都不会享受到今天的诸多好处。

“但我肯定有一方面是擅长的。”年轻人向他的老板这样恳求着，他马上就要因为本性的率直而被解聘。“在经商方面你可是一无是处。”老板说。“我想我会发挥作用的！”年轻人说。“怎么发挥作用呢？ 告诉我你要怎么做。”“我不知道，先生！ 至少现在我还不知道。”“你不知道，可我也不知道啊！”这位老板为他雇员的急切话语感到可笑。“只是别让我走，先生！ 别让我离开。除了卖货以外，那个我不擅长，你可以让我干点别的。”“我明白你不擅长卖东西，”老板说道，“可那就是毛病所在。”“但是我肯定我是有用的，”年轻人一再坚持着，“我知道我一定能行。”最终，他被安排在了会计室，他指尖的天赋在那里得到了展示，使他初露头角。几年后，他不仅成了大型商行中的出纳总管，而且成了一位十分杰出的会计师。

你不可能从摇篮中的婴儿身上看到上帝在创造他的时候在他身上都包裹了些什么秘密信息。上天已经为每一位年轻人装好了前进的指南针，它自然会指向上天安排好的命运之星。尽管在这一过程中，你可能受到一些外来因素的影响，如人们的异议或是非教育因素，生命的指针偏向于诗歌、艺术、法律或是医药，或是其他任何一种你所心仪的职业。可就在你浪费了多年宝贵的年华之后，当你一旦摆脱所有影响，你生命的指针会重新指向那早已预定的命运星。

“只要是力所能及的，就不要有任何犹豫。”罗伯特·沃特斯说，“人类的天赋总是被不可抗拒的力量所牵引，将你拉到那早已为你设置好的职业上，从而使你的理想天赋得到发挥。无论面临什么样的艰难险阻，也不管你曾有过什么样的辉煌理想，这份职业是唯一一份可以为你带来欢乐和兴趣的追求。当然，当一个人没能获得有效的生存方式时，他可能会发现自己处于一个贫困和被人忽视的地位，就像美国喜剧演员伯恩斯那样，经常伴随着一声叹息，懊悔自己曾经有过的追求。换句话说，他觉得如果当初从事其他职业，他可能要比现在富裕得多，而最终他还是义无反顾地坚持着他所最喜欢的追求。”

当世界上的每一个人都选择了自己最合适的工作之时，人类文明将达到最高境界。在没有找到自己最适合的岗位之前，没有人可以随随便便地取得成功。这就像脱轨的火车，虽然它可以在轨道之上力道万千，但在离开轨道后，根本就毫无力道可言。“就像河中的小船，”爱默生说，“无论遭受怎样的艰难险阻，总有一条航道是属于它的。在它的航道之内，所有的障碍都被清除，直至打通一条进入更宽阔领域的航道。”

只有狄更斯这样的人才能够写出农奴儿童的血泪史。在他的书中，那些孩子的个人志向和愿望早已被他们那些同样无助的父母所忽视和压制了，他们常被看作又笨又懒或是没有定性的代表，就因为他们那些“越轨”的行为。有棱有角的孩子们仿佛被塞进了他们并不能适应的圆洞里，天性受到了强烈的压制。不但是肢体的，还有头脑的压迫，他们总是被迫将眼睛盯在那些不感兴趣的书籍上，而无法将精力全身心投入到社会上大力宣讲的诸如法律、医药、艺术、科学和经济学等领域。这些孩子表现得毫无热情和兴趣，因为那是他们厌恶的工作，只要一提及它，他们身上的每一个细胞都在不断地表示抗议。

当一个父亲想通过教育把儿子塑造成另一个自己时，这种想法是非常狭隘的。“你是在将孩子打造成另一个你，但这世上有一个你就足够了。”爱默生如是说。约翰·雅各布·阿斯特是美国首位以毛皮生意发家的百万富翁，当年他的父亲是希望他成为自己的继业者——做一个屠夫。然而，在内心强烈的经商意识推动下，最终他不但成立了自己的公司，而且成了成功商人的典范。

世界上没有两个完全一样的人。每个人在他出生之时，就已经确定了各自的模式。人类的确是上天最神奇的创造，但这一神奇也仅有那一次。腓特烈大帝曾因对音乐和艺术极具热情，而对军事训练失去了兴趣。就因为他的这种个性，他不止一次遭到父亲的训斥。他的父亲恨透了美术，为了阻止儿子画画，竟一气之下将他监禁了起来，甚至曾对儿子起过杀心。然而，就在腓特烈大帝 28 岁那年，父亲的突然去世将他推上了王位。在这之前，他因爱好艺术和音乐而被认为一无是处，可就是这样一个男孩，将普鲁士治理成了欧洲最强大的国家之一。

也许你会认为雄鹰在休息之时，看上去多少有些愚蠢和呆笨，但是，当有适当的机会让雄鹰重回蓝天，让它获得展翅的机会，它的目光依然是那么锐利，在空中划过时，雄姿依然那么优美。

无知的父母曾经强迫他们的孩子阿克莱特去做剃头匠的学徒，但是，上天早已在他的头脑中埋藏了为人类祈福的任务，他要做的就是为英格兰上百万的穷苦人出力。他必须说“请勿插手”，即使是面对他的父母。

伽利略最初被人认为具有做内科医生的天赋，但当他被迫去学习解剖学和生理学时，他就会偷偷躲起来，去学习欧几里得和阿基米德，他解出了许多深奥的数学问题。就在他 18 岁那年，他通过观察比萨教堂内一盏悬灯的摆动，确证了微小摆动的等时性。他还发明了显微镜和望远镜，从而拓展了人们在天文和医学方面的研究。

米开朗琪罗的父母曾宣称，他们的儿子不会从事那丢人的艺术行业，即使米开朗琪罗在墙壁和家具上绘制草图，也要受到父母的惩罚。然而，艺术的火种已经在他胸膛中熊熊燃烧，没人可以让他放手，直到他完成了自己的作品，包括圣彼得教堂的建筑，还有他的雕塑作品《摩西》和西斯廷教堂天顶的壁画。

帕斯卡的父亲决定让自己的儿子去教呆板的语言学，但是帕斯卡心中渴望研究数学的声音压倒了外界对他的种种要求，直到最后让他放弃语言教学，从事数学研究。

乔舒亚·雷诺兹的父亲曾一再指责儿子，因为他沉溺于美术专业，在一封家书中他这样写道：他现在所做的、所画的，都是他好吃懒做的又一体现。然而，就是这个好吃懒做的家伙，后来成为英国皇家美术学院的第一任校长，也是学院受人敬重的创始人之一。

特纳最初只是想在梅登巷当一名普通的理发师，但后来的结果是，他成为现代社会最伟大的山水风景画大师。

克劳德·洛兰，这位画家，最初是跟随一名糕点师当学徒；莫里哀，这位大作家，最初只是一位室内装潢商；还有著名的《黎明女神》的作者——画家圭多，他最初被送到了音乐学校去学习。

席勒最初是斯图亚特军事学院里一名外科医学的学生，然而私底下，他完成了个人的第一部剧作《强盗》。这部剧的上演，初步确立了席勒卓尔不群的地位。令人厌烦的监狱般的学校生活，让他感到非常烦扰。他渴望成为一名自由剧作家。就在这种强烈的吸引下，当时身无分文的他冒险一试，毅然投入了毫无经验的创作世界。一位好心的女士热情地帮助了他。很快，他完成了另外两部作品，也就是这两部作品，为席勒的流芳百世打下了坚实的基础。

内科医生汉德尔希望他的儿子能够成为一名律师，所以，他一再企图消除儿子对音乐的爱好。然而，这个孩子还是弄到一架小型立式钢琴，偷偷在干草棚里练了起来。当医生带领他的儿子去拜访他在韦森菲尔德公爵处供职的弟弟时，不大引人注意的小儿子四处游走，一座小教堂内的风琴深深吸引了他。很快，他就自己在小教堂内开起了热闹的个人演奏会。碰巧，公爵从此经过，对于这么优美的演奏，他大感惊讶。他真想知道，是谁竟然能够利用显然很不熟悉的乐器，将这么多曲调融合在一起，演奏出这么优美的音乐！小男孩被带到了公爵面前，惊叹之余，他并没有责怪男孩私动风琴，还对他的演奏大加赞赏，他说服汉德尔医生让儿子学习音乐，并加入了他的乐队。

丹尼尔·笛福曾做过经销商、士兵、秘书、工厂经理、会计、公使，还写过几本书。经历了这些之后，他完成了自己的著作《鲁滨孙漂流记》，这本书不仅确立了他在文坛的地位，并且使他为后人所铭记。

厄斯金曾在航海方面花费了四年时间，接下来，他为了得到更快提升，参了军。在服役两年后的一天，由于好奇，参加了他所在军团驻扎的小镇上的一次庭审。主持庭审的大法官是他的一位熟人，厄斯金受邀坐到了大法官不远的座位上，出庭律师是英国最出众的律师。厄斯金细心倾听了这次庭审，他利用自己的标准对此次审判做了一次衡量和评价，他认为，只要自己努力，完全可以超过这些英国最优秀的律师。不久，他开始了法律学习，并且最终成为英国最伟大的辩护律师。

A.T. 斯图尔特曾经学习神学，后来转而经商，发掘经商天赋之前，他只是一名教师。一次偶然的机会，斯图尔特把钱借给了一位朋友后，朋友经商失败了，为了偿还借款，他要求斯图尔特接管他的商店，从而来偿还债务。他就这样踏上了经商之路。

“乔纳森，”当他的儿子提出要上大学的时候，蔡斯先生说道，“你还是周一早晨到车间来工作吧！”在车间工作了多年之后，乔纳森选择了离开，走自己的路，之后，他成了很有影响力的来自罗得岛州的美国国会参议员。

据说上帝总是会任命两位天使：一位来清扫街道，另一位则是来统治王国。两位天使各行其是，互不干涉。当一个人知道是上天安排给他一个特别的工作之时，他不仅会感到高兴，而且会很急切地从事和安排自己的工作，那是绝对令年轻人高兴的事。然而，如果上天安排的位置他不能胜任的话，那么他再不会胜任其他任何一项工作，而这项工作以后也再不会有人胜任。上天已为每一个人选定了他所适合的位置。上天会时刻关注和影响你的选择，直到所有的民众找到上天为他们安排的位置。可能有父母认为，不用试都知道磁针会指向金星或是木星，因此他们可以轻易替儿女的职业做出选择。

如同拉货车的马想要登上赛马场一样荒谬的是，至今仍有很多人认为只有法律、医学和技术这样的职业才是高尚的。美国竟有52%的大学毕业生是学习法律专业的，也不知有多少男孩去做了乡村的牧师，原因只是他们的父亲是一名神职人员。当然，其中也有一些医生或律师，他们也是模仿父母，从而走上现在所从事的这一职业道路。现在，有很多人还不曾找到属于自己的位置。“失落、乖戾、无钱、无工作、无信用、缺少勇气、捉襟见肘、遭受冷落、被忽视，是他们共同的个性。”事实是，几乎每一名对这个世界具有真情实感的大学生，都可能在校园内为自己做了充分的准备。然而，毕业后，却没有多少人是按照原定的路线前进的。老师也许教给学生最有用的就是如何去学习。离开校园后，那些远离书本的时间里，只有抓紧时间来学习，才是你应该做的，也是对你最有帮助的。

当一个人尽了最大努力，却没有获得成功时，我们绝不应该妄下结论，说此人做任何事都不会成功。被冲上沙滩不停摇摆挣扎的小鱼，好像它们已经知道自己要被撕成碎片一样，在做最后的抗争。然而，细看你会发现，当一片大浪袭来时，海浪盖过了沙滩，并将正在挣扎的鱼儿带回了大海。就在它的鳞片碰到水的那一刻，它又获得了新生，像一道闪电穿过海浪。它好比是正在寻找个人位置的人，当它不在水中，没有找到自己的位置时，它鳞片的拍打是徒劳无益的，或者说那根本就不是一种帮助，而是一种阻碍和负担。

如果你尽全力做某事，却以失败而告终的话，那么你不妨对此项工作进行回顾和品评，看看工作是否真正适合你或是应当由你来完成。考珀起初想当律师时遭遇了失败，他个性胆怯，因此他无法为接手的案件申诉，可他却能写出我们大家所称颂的诗歌。莫里哀也是发现他本人不适合继续做律师，进而转行，最终在世界文坛上留下了大名。伏尔泰和彼特拉克都放弃了法律学习，伏尔泰选择了哲学，彼特拉克则选择了诗歌。也就是说，虽然后来二人都以文采被人称颂，但最初二人都不是从学文起步的。克伦威尔这位历史上著名的“铁骑将军”，在 40 岁之前，还一直是个农场主。

我们当中很少有人在成年之前，在他从事任何一项工作或是学习时，就表现出卓越的才能和过人的天赋。大多数的男孩子和女孩子，即使他们正在做着一份稳定的工作，但在他们心中，很可能还对其他工作抱有极大幻想和渴望。不难发现，一个年轻人在他 15 岁到 20 岁之前，很难确定此生所要从事的职业。每一次对你大脑智慧的启迪，那就是一份确定的工作对你的个人天赋提出的一项深层次要求，但它并不是触手可及的。这也就是眼看就在手边的任务却要不明不白地推迟，还有那些本来觉得是手到擒来的工作却总是做得一塌糊涂的原因。塞缪尔·斯迈尔斯曾被训练去做一项不合他口味的工作，但他仍然不间断地搞他的文学创作，因为他对文学创作信心十足，最终他获得了成功，因为文学才是最适合他的工作。

忠实于自己的工作，以及手边的每一项任务，而且要对身边的每一个人负责，这些人包括你的父母、员工，当然还有你自己，我们要对上天负责，因为是上天安排了那一最适合你的岗位，你只有做到了这一切，才会最终在那一恰当的时间，找到你那最适合的位置。

如果加菲尔德总统只是一心去做在此之前他所从事的工作，那么很显然，他就不可能成为后来美国历史上成就辉煌的总统。除了他，还有林肯和格兰特，可以说他们在人生的起步阶段，都和后来他们入主白宫不搭任何关系，然而，就是他们每个人所具有的天赋——管理国家的才能，让他们最终走上政坛，那是一种不可抗拒的内在天赋。所以人们在做某事失败之后，不要为自己天生不具备这一方面的才能而大感失落。其实并不是你不具有才能，只是你还没有找到你个人才能应当展示的行业。你所能做的就是无论在何处，当有机会展示你的个人才能之时，一定不要错过，因为那很有可能就是上天安排让你走上自己的岗位的其中一个步骤。每一项任务都相当于你的指路明灯，它在告知你哪一项工作最适合你，而成功好比那名贵的皇冠，被专门用来衡量你的个人才能和用功程度。

如何确定你此生的职业？每个人一生的工作要以什么为目标呢？

如果你在木匠方面表现得别有专长，而你又乐于从事此项工作，那么你就做一个木匠。同样，如果你天性对医药感兴趣，并且时常表现出过人的天赋，那么你就应当做一名医师。一个稳妥的选择和一份热心从事的工作，对于刚刚步入社会创业的男女来说，最大的帮助就是能使他们早日获得成功。但如果你不具备这方面的天赋，或者说你在此方面能力不足或者能力很弱的话，那么你就应当谨慎选择。在面对一系列的机会之时，挑选出那份最适合你的工作，绝不要对自己的能力抱有任何的怀疑，不要认为自己是个无用的人。要想获得真正的成功，关键在于个人的努力，只要在自己的位置上尽心竭力去工作，那么每一个人都会取得相应的成功。无论你做什么，都应当做到最好，“宁为鸡头，不为凤尾”。

许多曾经被认为是笨蛋或是蠢材的人，当他们获得成功后，这个世界对他们会变得非常友好。不过，在这之前，总在沮丧和误解中挣扎的他们是痛苦的。应当给每一名男孩或是女孩相同的机会和适当的鼓励，最不应该做的就是凭借他们可能因一时情绪而发表的过激言论，来判定他们的终身，由此说他们是无用的蠢材。对于那些所谓的一无所长的年轻人来说，人们常给他们定名为“笨蛋”“蠢材”，其实他们只是还没有找到发挥自己才能的位置，好比那圆形的身材放入了方形的洞口。

威灵顿的母亲就曾认为他是一个蠢材。当他在伊顿时，愚钝、懒散是大家对他的评价，而且在各项活动中，他总是被排除在外。他的才能无从表现，他也从未表示过想要去参军。在他的父母和老师的眼中，如果说这个孩子还有什么特长的话，或者说有什么可以弥补他个人不足的，那就是他本人的勤奋和坚持不懈的个性。然而，就在他 46 岁那年，他获得了最伟大的成功，他击败了伟大的拿破仑。

戈德史密斯曾是学校的笑柄。他以垫底的成绩毕业于剑桥大学，他本来想加入一门课程学习外科医学，但却遭到了拒绝。他被迫转而发展文学。戈德史密斯这才发现自己并不适合从事医生的工作，却能写出别人难以完成的作品，如《威克菲尔德的牧师》和《荒村》。约翰逊博士发现戈德史密斯处境贫困，而且很可能要因债务而被捕。在看过了他作品的手稿之后，为了帮助他，约翰逊博士将手稿卖给了出版商，并为他偿还了债务。然而，就是这份不经意卖出的手稿，使戈德史密斯大获成功，不仅确立了他的文坛地位，而且进一步增强了他进军文学的信心。

罗伯特·克莱武在校内是个身背笨蛋和恶棍等恶名，令人讨厌的家伙。然而，在他 32 岁之时，带领 3000 人的他在普拉打败了 50000 人的印度大军，进而加强了大英帝国在印度的统治。沃尔特·司各特在校时被他的老师称为笨蛋。当初拜伦偶然一次取得班内领先的成绩时，他的老师一度难以相信，说道：“现在我知道过不了多久你又要落于人后了。”

年轻的林奈总是被他的老师看作是个傻瓜。当发现在教堂的生活不利于他的成长时，他的父母决定送他到大学去学习医学。然而，在所有的教师中，其中一位沉默寡言的，可以说他是所有教师中最伟大和最明智的那位，开始引领林奈学习植物学。既然有了老师的引导，再加上林奈本人内心的选择，结果无论是病痛、不幸，还是贫穷都不能阻挡林奈对植物学的学习，众所周知，最后他成为那个时代最伟大的植物学家。

理查德·谢里丹的母亲白白花费了大量时间来教她的儿子学习最基本的知识。也许是母亲的去世唤醒了他那沉睡的才华，他不仅创作了上百部个人作品，并且成为那个时代成就最为耀眼的剧作家。

塞缪尔·德鲁是最迟钝的孩子之一，在所有的邻居中，他被认为是最冷淡、最不愿和邻居交往的人。一次偶然事件，他不但失去了兄弟，自己也差一点丢了性命，而就在这一事件后，他变得勤奋好学，他利用个人所有的时间，尽心去学习，一刻也不浪费。他会在吃饭时学习，利用一切时间来抓紧提高自我。他说过是潘恩的《理性时代》引导他成为一名作家，他为了反驳那些对此书的偏见付出了巨大的努力。这反而成就了他的写作之路，进而令他成为当时充满斗志和活力的作家。

有句话说得好：没有哪一个知晓自己天赋的人会碌碌无为，也没有哪一位天才在对自己的才华误判之后还能摆脱平庸。

第十章
事业的选择

布鲁特斯找到了他个人才能之所在；狗熊不会梦想飞上天空，不经历赛场失败的劣马，总是会被人看作千里良驹。因为沟渠的过深过宽，家犬尚知避而远之；而我们发现，人出于本性，常常是冒险而上；当有人在高喊忍耐之时，大多是那固执的行为已不可收拾；既是上天已安排好了你的位置和才能，那么它是容不得半点差错的，否则将毁灭你的一生。

——斯威夫特

一个人一生最宝贵的财富就是他那天生的追求，只有不懈地追求，他才能明白自己对社会的作用。在这一过程中，无论这份工作是编筐、卖艺、掘沟，或是卖唱，都会获得相应的快乐。

——爱默生

你天生的特性，要学会发现和发展，千万不要荒废那份适合你的才能。如果你能坚持那份内在的天性，你一定会获得成功。然而，你要是勉强自己做其他的事，无论怎样努力，结果你只能一无所有。

——希尼·史密斯

阿蒂默斯·沃德曾说过：“每人都有自己的堡垒，在那里他可以自行其是，做自己想做的事。有不少人在大多数人看来是自由散漫的，其实他们不是无事可做。”

下面是在西方报纸上接连几天登载的广告，给你的不只是它的字面之意，或许能给你更多的启示：“现急征一有实践经验的印刷工，此人须胜任在出版社内各部门的出版和印刷工作，并可以进行专业知识讲授，如可教授装饰用涂漆绘画和书法、立体几何设计以及其他一些相关艺术。如能具备一定的教学常识和经验则求之不得。如不反对则在适当之时，为一小班男女传授技能，令其提高能力。如此人可兼为牙医和手足大夫，或是能在我唱诗班内担任某一高音或是低音之唱位，则是再好不过，我部愿以重金诚聘。”

以下是一则广告的详细内容：“另，将招聘一名看护兼伐木工人，能保证正常速度即可。”这个稳定的岗位招聘一经登出，则立刻应聘如潮，转眼广告就不再出现了。

你的才能就是你的招牌。你天生注定的命运总是会在你的性格中有所体现。如果你已经找到了那个属于自己的人生位置，就不难发现，在你的职业生涯中，你的所有个人才能会得以尽情体现。

如果有可能的话，最好选取一个合乎你的品位，又能使你的个人经验得以体现的岗位。那时就相当于你已选择了适宜的生活方式，而且你的个人经验和商业知识也有了用武之地，所有这些才是你个人得以炫耀的资本。

随心所欲吧。你不可能总是成功抵挡你个人内心渴望的诱惑，来自父母、朋友或是自己不幸的境遇造成的压力，常常在无形中压抑和遏制你那内心的渴望，总是在强迫你去做其实你并不喜欢的工作。然而，人的激情好比那待喷的火山，当它即将喷发之时，将冲破重重阻碍，让被压抑的才华得以展示。无论是你的口才还是歌技，或者是在艺术方面以及在其他各方面的天赋都将尽现于人前。你要有这样的心理准备，即使是一名天才，他也不敢奢望自己所有的才能都可以完美无缺地发挥。虽然人们天性追求完美，不希望什么事都搞得一团糟，或是半途而废，但是，上天总是设置一定的障碍，令进取者得以警醒。

有时只是命运的需要，就像当初拿破仑当过擦鞋工，亚历山大当过烟筒清扫工。可最终谁又敢小觑这些人在历史上所创造的惊人成就呢？我们尽可以像马修·阿诺德那样对这一切大加品评，但绝不要像那没有头脑的律师一样。

尽管今天的人类已基本融合，而且在行动中不断交换着位置，但社会上大多数人看上去还没有找到那个与自己志趣相投的位置。女仆想当教师，而真正的教师又在经营商店；农民想修改法律，而乔特和韦伯斯特的学员又流连于农场。什么事物都不可能两全其美，每个人意识到自己的命运无法更改时，内心所遭受的折磨可想而知。在工厂里扎根的男孩其实本应该是研究希腊语和拉丁语的人才；被大学的课业负担压得喘不过气的学生其实本应该做农民或渔夫；在画布上乱涂乱抹的“艺术家”本应该是一名刷木栅栏的油漆工；总是站在柜台后面的售货员其实最厌烦死站在这一方寸之间，但又忽视了对其他职业的追求；一名好鞋匠写过几首出色的诗篇，发表在本地的报刊上，被朋友们称赞为大诗人，对于这一称呼他也渐渐地熟悉了，但他却不大动笔，因为对他来说，拿笔可不如修鞋那么流畅；其他的一些鞋匠在国会拙劣地补鞋，而政治家却在敲击着鞋楦。人们对任何事都力求问个究竟，那位总是喜欢动手利用器具制作东西的男孩子，可以毫无阻碍地完成大学的学习，但是，他却一无所成。真正的外科医生也许正在拨弄着肉锯或是切肉刀，而屠夫们却在试图治疗人们的肢体。人生是幸运的，因为上天已安排了我们每个人的结局，也许我们能做的，或者说我们最想去做的，就是在自己的人生路上，多创成就，多造辉煌。

富兰克林曾说："你有了自己的事业，就等于拥有了财富；你拥有了自己的职业，那就相当于找到了争取利益和荣誉的地位。自力更生的农夫要好于那人前低三下四的绅士。"

一个人的事业是人的一生中最重要的东西。它不仅可以强健你的肌肉，增强你的体魄，加快你的血流，塑造你的头脑，还可以纠正你的社会判断，促使你的发明才能得以在人前展示，让你的天赋尽在工作中得以发挥。成功的事业还可让你人前领跑，激发你的进取雄心。也只有在此刻，人们才真正从事业中体会到人生的意义，人生在世要有一个属于自己的位置，要有自己的事业，在这一位置上，你的个人才能才会得以发挥。明白你在人生路上的责任，找回那个真正的自我。如果一个人在一生中并没有一个属于自己的事业，他会时刻觉得自己的人生存在缺陷。不曾有职业的人，不能说是一个完整的人。但你要知道，一个人的事业，并不是你做人的全部。只具有150磅的骨骼和肌肉，不能算一个完整的人，肉体只是构建了人体的框架。完整的大脑也只是人的一部分，它让你可以拥有正常的思维。然而，就是这些肌肉骨骼大脑的搭配和组合，让每个人都具有各自不同的特色，让人们可以做自己想做的事，有自己的想法，走属于自己的路，并展示出自己的个性，承担起自己的责任。

努力奋斗是成功的第一要素，坚持不懈则是成功的第二个必要条件。在通常情况下，利用丰富的实践经验对那些具备上述两大成功条件的进取者加以引导，可以说，他们不会失败。

人不可坐等社会高位或高额薪金的到来。你需要做的是提升自己现有的地位，其中要融入你自己的想法，发挥个人的独创性，让工作内容得以拓展，更加丰富。在工作方面，你要准时，更要积极进取，还要细致尽心，更加要有礼貌。为了做得更好，你可以把你的前辈或是同行作为你的参照，力求在各方面比他们做得更加出色。对于你目前的工作和职位，你大可细心琢磨研究，尽可能设计出新的从未用过的操作方案，从而令你的雇主改变对你的评价和看法。你真正要做的并不是给人一个满意的印象就足够了，也不是说你把事业经营得红火就可以了，关键是，给你的老板一个意想不到的结果，出人意料地做得比当初期望的更出色。当然，在你完成了这些之后，你的回报一定是加薪晋级。

在择业之时，你可以尝试接受第一份体面的工作，但一定要注意你的个人能力和你所做工作之间存在的差距。最重要的是，如果能在你的工作中表现出更多的个性，那么你肯定会做得更好，从而获得更多更好的工作去做。

在我们当下这个复杂社会中，什么才是生存的真正目标，一直是人们极度困惑的一个问题。其实，这并不是一个难以解决的问题，如果你是祖鲁人或是贝都因人的后代。在原始人类生存的环境中，他们不认为机会只有一次。然而，现今的文明社会对人的各方面的要求都有所提升，伴随决策重要性的凸显，如何做出一个正确决策日渐成为困扰人们的一大难题。当某人在竞争中受到了严重打击，这可以说是为了让他选择正确目标的铺垫，也是他选择正确目标不可或缺的要素。只有经历了这种挫折，才能让他意识到，要想获得成功，就要全身心地去奋斗。对于成功而言，信心至关重要，尤其是在具有吸引力的领域中。

格莱斯顿说过：“从来都有一种限制，让每个人的能量不能完全从人体和大脑中发挥出来。在寻求适合的工作时，没有浪费任何多余气力，他就是明智的人。”

卡莱尔说过："最让人高兴的是人们找到了自己的工作，对于他来说，这是上天最宽厚的恩赐。有了工作，才能真正树立起人生目标，因此，做好它！"

在选择职业之时，不要总是希望自己赚很多钱，也不要总是问自己如何才能声名鹊起。一旦你选择了一项工作，就需要调动全部的能量，提升你的人性素质，从而获得人性最均衡的发展。要懂得你在工作中所追求的，不是金钱，不是人前炫耀的声名，而是生存的动力。人品人性要比名声重要，是钱财所买不到的。好人品胜于任何成功。每一项才能都要受到好的锻炼，你的缺陷都会在你所从事的工作中，随时随地暴露出来。在做事时，你要学得巧而有力，要随时警觉，力求眼观六路，并能够体察入微。人的心怀要求人们柔顺有同情心，但一定要实在。记忆力方面要多加训练，力求精确并容留多余空间。这个世界并不曾强求你成为一名律师、牧师、医生，或是农场主、科学家、商人等，也没有直接指明你应当从事什么，然而，有一项是肯定的，无论你从事何种职业，你都将是自己命运的主宰。如果你是自己的主人，那么这个世界都将为你喝彩，所有机会的大门都将向你敞开。同时，要精益求精，不要半途而废。

卢梭说："任何受过良好教育的人，当他将要被任命某一职位之时，他不可能提前为将要面临的所有工作都做过充分准备。我的学生们是否准备好了参军或是做酒吧服务生，都与我无关。上天已安排好了他在人生道路上的位置，这是先于他在社会中确认自己的人生目标的。也就是说，就在他的社会目标制定之前，人生位置已经确定了。生存就好像是一项专业技能，需要有人去教。当面临生存问题时，你所有的社会身份都不重要了，无论你是士兵、律师还是教士。首先是做人，你要把握机会，不要让机会轻易从你的身边溜走，只要你留心，机会还是在那里等你发现。"

在人生历程中，常识性的东西是必不可少的。比如说，财产、学历、才能、天赋等，虽然你可以一样不少，然而，在不够圆滑和缺少常识的情况下，你所拥有的一切将大打折扣。像那些不懂实践、不会实际操作的人，即使他们带着耀眼的学历和学位证书，也会被社会淘汰。当今社会，人们更多关注的不是你知道些什么、你是谁，而是你是做什么的或是你能做些什么，这已经成为这一时代的一大主题。

乔治·赫伯特早有这样的观点："你是个什么样的人比你能做什么更重要。"这样的论调越来越受到人们的肯定，人们甚至放弃公正、荣誉和权力去实现这一目标。人们现在掌握的技能有很多是错误的，但现今的人们则因为时间久了，从而以错为正，并且数量之多在当今社会达到了前所未有的程度。当人们压力过大时，一个比较有趣的事实是，人们的理性思考总是可以战胜内心的本能。一位杰出的科学家曾说："如果一个人能吃苦，并努力工作，那么他就可以完成自我改造，摆脱卑微懦弱的本性。当一个非常诱人但却不是很可靠的经营前景摆在你面前时，不知有多少人抵挡不住诱惑，牵扯其中，以身试险，直到最后才明白自己是错的。任何不道德的目标，在其执行的过程中，已经被"失败细菌"感染了，而这种"失败细菌"来自肉体和精神两方面。

毫无疑问，任何人都会在他那特定的位置上有着特殊的适应性。有个别我们称之为天才的人，他们的适应性达到了惊人的程度，并且在其童年时期就得以体现。

当其他的女孩子还在注重穿着打扮之时，斯达叶尔夫人却在关注着她那一时期的政治哲学。莫扎特只有 4 岁时，就可以在钢琴上演奏出小步舞曲以及其他曲目。歌德在 12 岁时就写出了自己的悲剧作品，而格劳秀斯刚刚 15 岁就出版了他的第一部哲学作品。蒲柏几乎"牙牙学语时就在写诗"。查特顿在 11 岁时写出了让人佩服的诗句。而考利 16 岁那一年就发表了自己的第一本诗集。托马斯·劳伦斯和本杰明·韦斯特刚学会走路时就开始培养自己的绘画才能。李斯特 12 岁就已经开始了演奏生涯。著名雕塑家卡诺瓦还只是一个孩子的时候，已经开始利用黏土制作模型。培根在16岁时就大胆地揭示了亚里士多德哲学理论的缺陷和漏洞。拿破仑在布律埃纳打雪仗时已经是三军统帅了。

这些是他们年轻时内心愿望的释放，并且可以在其生活中得到积极展示。除了一些个别事例之外，上述天才的这种早熟现象并不常见。我们必须及时发现自己内心所热衷的事物，而不是坐等自己的特殊才能自动袒露于人前。当你真正发现了个人喜好和偏爱，对于你来说，这种价值要大于你发现了黄金矿藏。

洛威尔曾说过："做那些不属于你的工作，那根本就是一种徒劳，回顾历史，到处是这样的事例，这不仅使你找不到生活的目标，而且是一种生命的浪费。"

直到你的个人才能都得以展现之时，你才会真正了解你能够做些什么。同时，你的内心会莫名坚定，你的本性会帮你找到人生的坐标。这时，你才会真正对自己所从事的事业迸发出激情，这种激情从此伴你一生。在这之前，你可能会被强迫去做一件艰苦且你并不喜欢的差事，如果可能的话，尽快摆脱这一困境。

如果你现有的职位有些卑微，只要你可以比其他人在工作中投入更多的精力，你就可以得到提升。多投入你的精力、你的信心，多花费一些气力在工作中，在工作过程中多提出一些有独创性的建议。尽量把职业向企业的方向发展，多研究多动脑，争取在本行业中成为公认的专家。只要是与工作相关的事物发展，最快最详细地加以了解和把握。要使你的个人能力都投入到你的事业当中。要知道，只有那些一心一意从事某一事业的人，最终才能取得伟大的成就。专心才能不受任何竞争对手的干扰，追求个人的发展要好过跟在别人后边跑。

要想在事业中出人头地，你需要从底层做起，打好基础。只要和你事业有关的事都是大事，要做到掌握每一个细节。这也是斯图尔特和约翰·约伯·奥斯塔两人成功的秘密，所有和他们事业相关的事，尽在他们的掌握之中。

爱情是婚姻唯一的理由，因为只有它可以帮助你安全地度过婚姻生活中的痛苦和烦恼。你对你事业的热爱也有同样的作用，它可以帮你安全顺利地战胜麻烦。商场如战场，很多人无法适应和战胜那些商场的烦恼和麻烦，或者说在每个行业里都有不适应的群体。

惠蒂埃曾说："我有一种感觉，我需要在这个世界上做些事情，而且是我必须做的。"从他的话中，你可以深入领会个人能量发挥的秘诀。当今社会有很多进入法律、文学、医学领域的人，所有选择这些人满为患职业的人，只有那些真正具有杰出天赋，同时又对事业执着热爱的人才会获得成功。如果一个人选择了某项职业，是因为他的母亲想让他去从事这一职业，那么他对于这项职业根本就谈不上热爱，更不会有很好的适应性，他还不如去当一名电车司机，虽然一天只能有 1.75 美元的报酬。虽然一些工作看起来有些卑微，但那是他喜欢的职业，在这项工作中，他的才智会让他成为行业的带头人，而在其他行业中，他的作用就相当于一块前进的绊脚石，总是威胁到事业的进程。

曾经，女孩子们还只有步入婚姻这一条出路，那些有抱负、雄心勃勃的女性开始了学习，练习写字，而为了不让外人看到，当有客人来访之时，她们还要放下手头的书本，拿起手边的女红刺绣。而一些敢于斗争的女性，尽管她们当时遭到公众反对，但她们还是利用出书的形式，反对这种指责。

当今世界发生了巨大的改变。正如弗朗西斯·威拉德所说，本世纪最伟大的发现就是对于女性智慧的发现。这个世界解除了对于女性的约束，使她们得到了人性的解放。你可以看到除了婚姻领域对于女性开放外，社会上不可计数的机会展现在她们面前。以前总是家里的男孩可以选择他的职业，现在他的姐妹们也同样可以选择自己的事业。女性的这份自由应当说是 20 世纪最值得称赞的现象之一。然而，随之而来的是，在你自由选择事业之后，你要对其付出相应的责任心，最重要的是在这种多变的环境下，每个女孩都应当树立一个确定的人生目标。

霍尔博士曾有这样的结论，这个世界需要这样的姑娘——“她们是母亲最好的帮手，她们是弟弟妹妹除母亲之外最亲密的人。当家务缠身之时，做女儿的总能帮家长处理琐事，理清头绪。她们能够让家长欣慰的不仅仅是美貌还有体贴和温柔。家里的兄弟看着自己的姐妹出现在社交场合之时，不仅只为她们的美貌和过人的舞姿而自豪，更为她们超强的交际能力而骄傲。接下来我们想要的是女人的心智，女人自有其生存的一套法则，除了众所周知的常规惯例以外，剩余的是她们想要个人独立所必须做到的。社会对于女孩子有更高的要求，女性要甜蜜可人，她们要会发自内心地表达甜美言辞，女性最好是单纯和天真的，要细心且谨慎，要想到父母的辛勤劳作、勤俭持家，而对儿女们慷慨大方，只是为了让她们过得更舒心；要学会合理消费，把握哪些是必需品，哪些是非必需品；女孩子要努力学会节省而不要过度消费；要学会宽宏大量，在家庭中尽力做到欢快和谐，不要花销无度。我们需要善良的女孩，她们要温柔体贴，具备同情之心，当人们遭受病痛的折磨之时，会流下同情的泪水。她们的美好想法得以在人前展示时，也会露出开心的微笑。这个世界有许多聪明杰出的女性。人们总是希望女孩子将来会是一个欢快热心的人，心地善良。不希望她是一个在多彩世界里爱慕虚荣的人。人们总是希望在我们周围会有这样的女性，生活会因她们的存在而变得新奇多彩，就像夏季的小片阵雨，让人享受丝丝凉意。

“他们在谈论女人的生活圈子，似乎这是一个有限的范围，但其实，无论天上人间，没有哪个地方没有女人，如果没有女人，人类无法完成任何使命，不会有任何幸福或忧伤，也不会有暧昧不明的窃窃私语，更不会有人类的生命、死亡和人类的繁衍。”

爱默生这样说：“做你该做的事，不要有太多的奢求，不要冒着风险去做得太多。在那一时刻，你要展现你的果敢和庄重，就如菲狄亚斯对于凿子的运用，像埃及人对于泥铲的发挥，当然，最好是像但丁和摩西对于笔触的展露，而所有这些又各不相同。”

“年轻人想要迈出人生的第一步，而他又没有朋友和任何影响力的情况下，他第一要做的就是找到自己在社会上的位置。第二是做到寡言少语。第三是要细心做事。第四是要有信心。第五是要让老板了解他存在的必要性，在没有他的时候，会出现困境。当然还有一点，就是做人要明礼。”这是罗素·塞奇对于年轻人的建议。

“聚精会神、诚实、注意细节、言辞谨慎。”这是约翰·沃纳梅克给出的成功的四个要素，他的格言就是“做下一件事情”。

无论你一生中从事何种职业，你的成就总是会高于你最初的期望。大多数人只是把他所从事的职业或岗位看作一种谋生的权宜之计。那些只知死学书本、迷恋校园生活的想法是一种非常自私和狭隘的观点，人们要想得到真正发展，首先要做到的就是个性的开发。人的个性需要的是深入和高层次的拓宽，当在人前表露时会让人感觉其和谐一致，体现出个性与人品的统一，让上天赐予的才华都得以完美地展现！我们绝不能逃避我们个人的职责和任务，我们最终的目的是让自己的能力得以最大限度地展现，从而实现其价值，恰如阳光能成就花瓣的美丽和芬芳，这就是其价值最好的体现。

让·安格鲁说得好：“我很高兴我并不是统治世界的那个人，而只是带着愉悦的心情去发现、去完成上天安排给我的使命。

“‘我做什么才能实现人生的永恒？’只有通过你的工作！‘可许多默默无闻地安息了的人，都这么做了。’哦，不，不，千万不要这么说，要是他们默默无闻，你怎么仍然知道他们呢？天使对他们的赞美像鲜花一样开放，使他们各得其所。”

第十一章
职业的选择

你的天性使然，顺其发展，将会获得成功。错位发展，将会万般艰难，有之若无。

——希尼·史密斯

“许多人为他们的成功付出了心血。”

没有人可以长久压抑自己的内心世界，在你的人生路上，成功的第一要素是，规范我们的事业，从而使我们个人的肉体和精神都实现好的发展，这两方面都不要有抵触和压抑，尽量顺其发展。

——布尔沃

你拥有一家企业就相当于你有了一份资产。

——富兰克林

人的一生中，他的岗位和专业将对其人生历程产生强有力的影响。年轻人首先要考虑的是，他们是否已经弄清其选择的职业是健康的。政治家、法官都因其职业的长久性而受人关注，这些职业不涉及商业风险。众所周知，在商业竞争中，常出现尖锐的摩擦和令人心焦烦躁的争执，而所有这些带来的是寿命的减少。天文学家的思维范围广阔，逻辑在更大的范围内活动，因此，他们特别长寿，比如著名的天文学家赫歇尔和洪堡。而那些哲学家、科学家和数学家，像伽利略、培根、牛顿、欧拉、道尔顿等人，实际上，他们都用心钻研某一学科，好像已经摆脱了某些来自人世间的烦恼。那些专心于博物学研究的学者，他们不仅长寿，而且还生活得相当愉悦。在英国历史上，有 14 位享誉古今的名人在 1870 年逝世，其中，两人 90 多岁，五人 80 多岁，还有两人 70 岁以上。

需要大量用脑的职业会对你的身体健康产生较大影响。

没有任何一种职业是对生命存在巨大的风险和破坏性的，但在社会上还是有很多人在冒险做着事业。所有这么做的人都过着一种鲁莽的人生，他们中的大多数人只是从事体力劳动，经受着煎熬，在工厂中从事着钢铁器械的打磨。他们呼吸到的钢铁尘埃给他们带来了严重的疾病，最可怕的结果是，这样的病痛常导致他们在 40 岁之前死亡。不只是高额的工资引诱他们去从事这样的职业，他们也同样拒绝使用那些设计好的安全防护手段，既然人们不存在对其结果的恐惧，这样就导致更多的人去从事对其危害巨大而且工资极低的工作。在法国，一些外科医生已对众多的制表厂的工作留意观察，他们发现厂里的工作对员工的健康有着严重影响。所有医生一致认定，那里的工作会导致牙齿脱落，还有下颌骨的损害甚至坏死以及支气管炎，除此之外，还会造成其他一些疾病。

我们在农场里会比其他地方看到更多的老年人。你会发现农民很长寿，他们明显要比生活在城市里或是忙碌于别种职业的人更长寿。多呼吸新鲜空气，多进行户外活动，可以增强你的食欲，有助于你的睡眠。然而，上面提到的好处，在城市里生活的人们却没有多少可以享受到，他们摩擦不断，侵扰频繁，高强度的竞争带给人们的多是焦急和忧虑。另外，即使在农场，也同样存在许多阻碍长寿的不利因素和天敌。人不是吃饱就能生存的。现在所了解的能够使人体保持健康的最主要因素是人的思维。在城市中的社会生活，用脑的机会更多一些，因为在城市里，他们会有更多的机会去学习文化和知识，而且那里有各种演讲和宣传，这需要头脑去判断和品味。还有就是各种形式的娱乐活动，这些能在很大程度上弥补不能在乡村生活的遗憾。对于农民来说，远离了那些腐败的事物，远离了喧闹的城市生活，但在有些地方，他们还是没有一些科学家和个别专业人士长寿。

毫无疑问，有抱负并能获得成功的人，定会使生命得以延长。事业的兴旺，定会使人长寿，只要你不去追求冒进，冷静思索，而不是以一时的冲动疯狂追求财富。

在一些矿区，有 60% 的人是死于肺炎或是肺结核。而在欧洲的一些监狱里，那里污秽的空气使超过 61% 的人因肺结核而死亡。在巴伐利亚修道院，有 50% 的人来的时候健康良好，却都慢慢死于肺炎，在普鲁士监狱中也存在着相同情况。最后，通过调查，生活在恶劣空气中，吃着劣质食品，接触那些污秽的东西，人的死亡率就会增加，寿命在 20 岁至 40 岁之间。在上述的生活条件下，死亡概率是正常人的 5 倍。在纽约市，那些 20 多岁死亡的人中，有

1/5 是死于刚才提及的原因。在欧洲的一些大城市中，这类情况的百分比会更高。在一般情况下，每 1000 个各种原因死亡的各类人当中，平均 103 个农民是死于肺结核，此外，平均 108 名渔夫，121 名园艺工人，121 名农田劳动者，167 位食品杂货商，209 位裁缝，301 个干货营销商都死于肺结核，但最多的要数印刷工人，共 461 人！ 差不多占总数的一半。

本奥斯特和拉姆伯德两位医生经过一系列调查——他们调查的对象是那些必须吸入粉尘的职业和岗位—— 矿物粉尘是对人体健康最有害的物质，其次是动物产生的尘埃，最后才是蔬菜携带的尘埃。

在选择你的职业时，一定要注意工作环境清洁，而且要有新鲜空气可供呼吸，还要有充足的阳光，要避免接触腐蚀性尘埃，工作中最好不要有毒气出现。所有这一切是你选择一项好职业的重要条件。那些肯花费一年时间去投入没有多少回报的工作的人，我们常认为他们是疯狂的，我们要谨慎选择工作和职业。对于调查中医生们提及的职业，一般会减少从业者 5 年至 25 年，甚至会是 30 年乃至 40 年的寿命，却好像和我们的命运毫不相关。

找到真正属于你的职业，你要在长远的时间内付出你的精力，它不是固定的，有可能会不规则，就是因为有的工作时间不规则，内容不够系统，从而导致工人长期经受风险。“在纽约俱乐部里，曾有 32 名全能运动员，”一名内科医生这样说，“其中 3 个人是死于肺部疾病，有 5 个人必须戴着固定支架，有 4 至 5 人出现了肩部疾病，还有 3 人出现了黏膜问题和不完全耳聋。”帕腾医生是俄亥俄州代顿国家军人之家的主治外科医生，他说：“这里的士兵中有 5000 人处在上述我们提及的环境中，占总人数的 80%，他们患有各种心脏疾病，这主要归咎于他们作战训练的体力消耗。”

人体的各项功能和作用是紧密相连的，无论哪一方面受到影响，都会对功能发挥产生影响。那些肌肉发达的运动员，在他们锻炼过程中，除了大量消耗体能外，还要付出精神上、意志上的代价。有这样一条自然法则，当你过度地发展你的能力和作用时，让某种能力受到高度消耗，这样的结果不仅使这个功能遭到破坏，而且会让人体各种机能都受到不同程度的影响和损坏。

有活力的思想来自清醒的头脑。我们不可以期望那些筋疲力尽的头脑会有机敏灵活的表现，这样的大脑不可能再有愉悦的充满活力的思维，无论是在演说中，还是在日常的随笔和小说中。人们对于成熟的概念是定位于 28 岁，大脑应当是最后一个成熟的器官。尤其是在成熟之前的阶段，不要用脑过度。

作为脑力劳动者，不可能在一天内的多数时间里，总是在做一项工作，这样会影响工作质量和效率。大脑疲劳时，就会失去原有的机敏性和灵活性，此时，只要注意观察，你不难发现，这时大脑所给出的想法，以及所进行的思索会缺乏弹性和力度。所以，一些人在业余时间打工时，虽然做的是大量的文字工作，但他们做的是几份不相同的工作。

当人的大脑活动出现暂停的状态时，并不一定算作大脑的休息。有很多人做的是脑力劳动，或早或晚，通常是在晚些时候，开始学会放松头脑，他们想让自己辛劳的机能得以休息，同时让另一套机能投入使用。以这样的方式，他们让世界看到了他们的精神成果，从而使世界感到震惊，他们让世界了解到他们是如何运用那替代功能的，它不仅使一部分得到休息，也让另一部分得到健康的锻炼。如果一个有雄心大志的人，总是让自己的机体不间断地过度使用，最后带给他的结果一定是悲痛。当你在进行思考时，没有一组脑细胞是可以得到休息的，这时将给脑细胞更大的活动力，完全超出你原本储存的动力。疲惫的大脑一定要得到休息，否则，你就会感到神经疲倦，或是头脑发烧，进而就会导致脑力疲软，这些都是在大脑得不到休息后必然出现的情况。

通常，身体活力是人生奋进的重要条件。格莱斯顿用他那瘦弱的身体最后究竟写出了什么呢？ 他致信希腊科孚的一位读者，然后又致信意大利佛罗伦萨的一位读者。过了一段时间，他又十分轻松地在德国与俾斯麦进行了会谈，在巴黎说着流利的法语，他还可以在国会内数小时不停地用英语进行辩论，这样的辩论一个接一个。有这样一些家族，他们获取世代相传的成功，而最初的成功只是简单出色的体力劳动，就这样世代传承。

所有那些造成人体衰弱，或使人体瘫痪以及对人体造成各种损害的职业，都应尽量避免。由于大型生产带来的危害过于频繁，而员工有时却无视危害的存在。签约条款是他们唯一关注的事项，他们根本不在乎是否把自己的一辈子都花费在针头大小的工作上，即使在手表厂做一辈子的螺丝钉，他们也不会在意。他们不在乎哪些是具有破坏性的工作，其中有些是含磷的、有灰尘的，还有砷污染的，所有这些都是对人体健康极具危害的，这类工作将缩短从业者的寿命，造成他身体和精神上的畸形状态。

当我们让雇用的人去从事那些使人消沉的工作时，或者做那些根本没法让他们振奋和鼓舞的工作时，就相当于强迫他们做着比无用更坏的事情。这就好比让画家拿着褪色的颜料去画画，让建筑师拿着破损的石料去建房，或者是让开发商使用不合格的材料去搞开发，或者是逼迫雕塑家米开朗琪罗在雪中进行创作。

罗斯金说过，时间就是一种个人耗费才能的艺术，有如你在释放你的思想，让它就像绽放的烟火。你强迫他人所做的工作，无论对你还是对社会都是有用的吗？ 如果你雇用了一个女裁缝，为的是制作四五件宝塔式荷叶边裙，当作你参加舞会时穿的长礼服，那只是供你一个人穿着的，而且只在一次舞会上使用，其实你只是在自私地使用你的金钱。不要把贪婪和善心混淆在一起，更不要想象你所穿着的一切华丽服饰都将落入那些贫困者手中。那些人颤抖地站在街头，排成长队看着你从车里出来，你要知道，好服饰并不能说明你是秀外慧中，而只能说明你是虚有其表。

选取一个洁净、实用而受人尊敬的职业。如果所说的这些你的工作无法达到，那么你就要立刻放弃。因为你对某一行业日久熟悉后，就会改变对它的看法。选取一个能使你个人得以发展的行业，使你的个人素养得以提高，有利于你个人的改造和提升。你也许不会赚取太多的金钱，但你很快会名声大振，要知道，人的名声贵于所有的财富，高于所有的主题，人的名誉是人生事业中最重要的。如果可能的话，不要强迫你自己在拥挤狭隘的空间里工作，也不要去做必须加夜班和没有假期的工作。不要试图当场定性某人必须去做某项工作。不是你自己，而是那个人，让他承担起他的责任。我们暂不讨论事情的对错，而你要清楚的是，一周要工作七天对人的健康是极其不利的，而夜间工作又会导致你睡眠不足，或者说在你白天工作时，你常想去睡觉。

有些人在选取职业时，明显低估了自己，阻碍了个人才智的发挥，压抑了个人激情的释放，放弃了发挥灵感的机会，所有这一切的结果都来源于金钱，是金钱让他们选择了那些自私狭隘的职业。

“了解你自己，”朗费罗曾说过，“而且最重要的是，好好重视你本性中擅长的才能。”

马修斯博士说：“没有其他任何缘由，也许在你一生中，选取了一项错误职业的结果就是你将遭遇连续不断的失败。”人们总是在经历了严重挫折和失败之后，才会明白哪些工作是我们不能做的，什么才是我们应该做的。你要想让自己获得完美的结局，必须经历这种消极过程，也就是这一过程让你获得满意的结果。

历史上不知有多少人曾荒诞地选择了法律或医学作为自己的终身职业，理由只有一个，那就是这些都是受人尊敬的职业。有些人可能是值得尊敬的农民或是商人，但在这些职业中却是不受重视的小人物。他们认为这些将会让他们闪光的充满荣耀的职业，却只不过让他们显得更加无能。

成千上万的年轻人正在接受着相同的教育，这样的教育是为他们将来的职业选择做准备，但所有的这些职业既不符合社会需要，也不适应求职者的个人发挥。更重要的是，所有这些工作的环境根本不适合他们生存的条件。不够成功的学生是因为他们对所学的知识只是略懂浅知，而又没能脱离原始环境地学习，就好像自己是成功的。有很大一部分的巴黎马车夫在神学和其他方面属于肤浅者，在其他一些职业中也有很多如他们一样脱去教士外衣的人，他们是糟糕的马车夫。

“汤普金斯放弃了他最后的钻研，只因为惧怕文学上的争端，开始改写诗歌，但总是无法改变他原有的手法，因而在别人看来他好似在胡编乱造。”

你不要以为你的亲人如你的父亲、叔叔，或是兄弟正在从事某一职业，你就具备了选取这一职业的理由。不要选择你所继承的行业作为你的工作，更不要因为你的父亲或是兄弟们想要你继承他们的事业，你就成为他们事业的继承人。不要看到别人在某一行业发达了，就想继他之后也取得同样的成就，也不要因为某一行业看起来“合适”或是表面文雅就确定你自己的选择。可以说对于这种文雅职业的狂热追求毁了太多的年轻人。因为像这种绵软工作，无须费力，不用出苦工，排除了各种不适宜的事项，而且不用花费精力就能够了解和掌握。

当我们尝试做那些不适合自己的工作时，我们不是凭个人的力气在工作，而是在空耗自己的弱点，我们的意志力和激情会变得薄弱。当我们没有完成工作或是把某一项目搞砸了，就会对自己失去信心，认为自己不行，而且会觉得自己不能完成别人所做的工作，只因为我们没有找到自己恰当的位置，所以一生的情绪和格调都会变得消沉和低落。

如能在人生的早期选取一个明智的、适合自己的职业的话，那么你就会缩短个人的成功之路，最好在你年轻之时就开始做适合你的事业。对此你要充满希望，同时，你要具备高昂的激情和旺盛的活力，你要清楚，我们所迈出的每一步，每天所进行的工作，以及每一次我们所承受的打击，都是在帮助我们拓宽和丰富我们的人生之路。

通常，凡是没有找到最适合自己职业的人，都将是最终的失败者。失去自己位置的人算不得完整的人，他的天性被扭曲。他的工作是在违背自己的本性，是逆流而上。当他个人的气力耗尽之时，他会不由自主地随波逐流。一个人总是放弃那本该属于自己的事业，或者说是最适合他做的职业，那么他永远也不可能成功。要想成功，你所从事的职业必须使你个人的才能得以施展和发挥，这一点必须和你的个人目标相一致。

年轻人会选取那些只会发展他们个人的低俗品性的工作作为他们的职业吗？比如说诈骗这种行为。难道说他们肯让自己的高尚品质得不到发扬而逐渐萎缩或是消亡吗？难道真的有人肯让自己的劣根性大肆发展而不顾自己人品的培育吗？难道选择职业只是为了让自己学会做生意，就是为了让自己只知索取不会奉献吗？选择这样的职业，只是为了让自己的雄心和急于尝试的心理得到满足吗？这样的职业可能发展你的远见，但你的更高的人性却开始萎缩和衰退。

选择职业最好的方式是让你自己能够回答这样的问题：“如果能够科学地考虑我的学历和个人适应性，并且尽可能地发挥自我优势，那么我的政府会让我为人民做些什么呢？”挪威有这样一句箴言：“把你自己全身心地奉献给你的同胞，他们将会很快给你足够的回报。”当我们在尽最大可能为他人劳作时，我们就已经使自己的个人才能得到了最大发展。只要我们每个人都处在一个个人才能得以全面发挥的位置时，我们就可以为自己或他人做任何可能的事。换句话说，只要自己的才能在为别人做事时完全充分地发挥了出来，我们也就获得了巨大成功。

这样的时代不会遥远，到那时，将会建立各种机构，探讨确定社会上男女生的内心倾向，机构内将会进行大型的实验以及细微的观察，主要是研究年轻人的个性发展趋向，进而帮助他们找到个人能量所在，使他们的最大优势得以发挥，也就是让其最大的能量展示于人。即使我们把那些不确定的东西看作理所当然的事，但每个年轻人或早或晚都会发现自己最强能量之所在，因而他会改行谋生，使个人最大才智得以发挥，而不是像以前那样总是发展自己的弱项，而像这样的发现对于某些人来说是来得太晚了，以致在现实生活中，他们事业的成功是不可能实现的。这种机构可以帮助青年男女在人生早期就开展自己合适的职业生涯。要知道早期的选择就是为了缩短个人的求索之路。也许人一生中没有什么事比选择正确的人生方向更重要了，当你选择了正确合适的人生方向，你所做的一切都会被看作是有价值的。而当你选择错误，即使你付出再大努力，辛劳一生，也毫无意义。当你的人生选择了正确的位置，就不再牵涉失败、沮丧或是危险。

一旦你选定了你的职业，就不要后悔，用你所有的坚强毅力坚持到最后。不要让任何事物动摇你的目标，相信自己一定会成功。无论你从事何种行业，总会遇到一些挫折和困境，这可能会让你暂时失落或者失去前进的信心，但绝不要让它动摇你最终的目标。如果你在你的工作中只体会到辛劳，那么你永远不会成功，或者你总是在想如果换另一种工作，你可能会做得比现在更好，那你同样不可能有成功的机会。因为无论你选择什么职业，都会遇到各种困难和阻碍。对目标的坚持不懈和不屈不挠是唯一可以帮你渡过难关的精神支柱，只有这样你才会达到最终胜利。有了这样的决心和确定的目标，才会在你的成功之路上产生巨大的精神动力，同时，也会让他人对你的奋斗感到信心十足。这就是你成功所应具备的一切必要因素，这会让你充满信心，并在众多方面成为你的精神支柱。人们总是更相信那些有明确人生目标的人，相对于那些对自己的工作松松垮垮、漠不关心的人来说，人们更愿意帮助前者，给予其更多的支持。因为后者随时都有可能变换自己的工作，或是直接导致失败。每一个人都知道，下定决心的人是不太可能失败的。因为他们在获取成功的道路上，是在用自己的勇气、毅力和决心为自己做最有力的保证。

上天不会明确指出你应当从事何种职业，但它已规定了哪些是你做的，并且在你所从事的行业内，将成为强者。对于那些找到明确适合自己事业的年轻人来说，没有任何人能超过他们宏大的视野范围，因为他们正在自己的岗位上奋力拼争，使个人才智得到发挥，而且没有让个人的能量和才华白白浪费。不是金钱和地位，能力才是我们想要的，而且你的人格道德要比任何岗位或是专业知识都重要。

加菲尔德说过："我恳求你，不要选择任何没有脑力劳动的职业。"选择一个可以让你个人得到历练和提高的行业，一个让你感到骄傲的行业，一个可以让你有时间自学和提高的行业，这会使你的人性得以扩展，让你成为一名好公民，一个好人。

让自己的才能充分发挥、人性不断提高是人类生存的最终目标。你选择的职业其实就是你一生不断学习的学校。在那里，你的人性得到开发，品格受到锻炼和提升，你的人格得以拓展、深化和丰富，上天赐予你的才能都能完美地发挥。

你的表现要高于职业对你的要求。要让你个人的人性品格凸显在你的地位、财富和职业之上，成为你人生前进路上发展的第一主题。一个人必须努力工作，努力学习，为的是对抗在他的行业中出现的艰难和萎缩的趋势——戈德史密斯如是说。

"总是忙于便宜的物物交换和小商品买卖，这不会对你有任何正面的影响，"林德尔说，"在你所接触到的人群中，他们掌握更进一步的交易手法，当你力图掌控并获得好的交易时，讨价还价、欺瞒耍赖，甚至使用一些不常用的小把戏，所有的这一切在那个严酷的竞争年代，都被看作是不道德的。与此同时，由于上述手法的使用，你的智力应用的空间被大大地缩小，除了你的心智，同时受到影响的还有你的道德。"

作为上进的选择，你可以先研究一下你想要从事的行业中的那些就业者。他们在此行业中做得如何？此行业是否让这些从业者更有修养？他们是否都是心胸开阔、宽宏大度的文化人士？他们是否已成为行业的附属物，死守多年不变的常规？他们是否在群体中毫无地位，还是根本没有作用？不要认为你就会成为例外，认为自己在进入这一行业后，可以很快适应。从另一方面来说，你所选择的职业，应恰是从社交和习惯这方面紧紧吸引你，像老虎钳一样夹牢你。这个职业会彰显一切惯例，对你进一步感染，进一步塑造、指点你，并使其适合你。我们总是会看到那些进步开放的年轻人，他们在雄心勃勃离开大学校园之后，进入一个令人疑惑的行业，多年之后，当他们再次回到学校的毕业典礼上时，个人的变化已让人很难认出这就是当初的他们。曾经宽宏高贵的本性已变得低俗狭隘。他们会变得贪婪、吝啬和自私。我们会有疑问，只是短短几年时间，就有可能令一个宽宏大量、慷慨时尚的年轻人产生这么大的变化吗？

你要想达到顶峰，那就要从最底层做起，打好基础。把握好你职业中的每一个细节，只要是涉及你所从事行业的就没有小事，都应着重看待。

成千上万的成功者，他们的人生都曾遭遇失败，在多个不同行业中经历过艰辛，也就是这样的经历，让他们得到了锻炼，进而使其最终成功。一生中的多样选择也是他们成功的主要因素。有一个失败的实例：他开始从事的工作是建造发动机，但并没有认真完成，于是转入了另一个他有可能获得成功的行业，但很快又停止了工作，就是因为他欠缺熟练的技能，所以又失败了。世界上到处都是“快要成功的人”。他们总是在成功的边缘止步。而在他们成长为专家之前，他们的勇气源源而出。我们中有很多人在没有获得熟练技巧时，总是不重视对自己技术的提高。有很多人懂得一种或两种语言，但他们却无法用书面表达或是用口语表述。总有这样的一两种学科，其中的科学元素始终无法采集完整，一两门艺术也是部分精通，他们不能够在实践中满意操作或是创造红利。生活中散漫的习惯有诸多的体现，如放松自我、放弃了一件做到一半的工作。形成良好的习惯比你一味地从某一专业掌握技术还要重要，而且在今后的历程中会有更大的作用。

不断留心那一闪而过的才能和天赋。很多人都想成为了不起的人物，但结果都是成为平常的一员。所谓多才多艺，对于不注重把握的年轻人来说，好似灵光一现，它已愚弄了许多有前途的头脑，令他们无法把握自己的人生方向。年轻人总是力图把握那些他们只是粗知淡解的知识。有一位著名的商品生产商说过："那些所谓的万事通，其实是一些三脚猫，在我们这一代中有他们的机会。但在获取知识方面，他们什么也学不到。"

"一个人的学习方式会暴露出他本人所忽略的东西。"梭罗曾这样说。如果我们进入一个为轮船生产罗盘的工厂，我们可以看到许多还没有磁化、安装的罗盘指针，这时的小针可以指向任何方向。可一旦它们被磁化，并被安装进罗盘之后，从那一刻开始，它指向的只有北方，那是它们从此指示的方向。这一点和人的选择职业有相同之处，人们在没有明确自己目标之前总是在各种方向上摇摆不定。

上天给了你生命，赐予你能量和激情，所有这一切都可以帮你达到事业的更高层。卡农·法拉尔说："人的一生中只有一次算作你真正的失败，那就是你能够做到的，却没有做到最好。"

"做什么可以让你被人记住？""只要你尽职尽责。"

只要年轻人充分利用身边的环境，全心投入，努力上进，所有这一切就是上天帮他成功的恩赐。

"如果有人能够在这片种植过的土地上，让一根谷秧结两条穗，一株草上长两片叶，"斯威夫特说，"那他将会成为人类的新宠，他也正在为他的国家做一个了不起的贡献，将超过所有政治家聚在一起所做的一切。"

第十二章
凝聚力量

这是我做的事。

——圣保罗

人的一生中最有智慧的事就是集中精力，而最差最不道德的是涣散和挥霍精力。你无法区分两者的好坏，一切事物都是好的，有可能它拿走了一件玩物和更多的迷惑，它把你送回家中，却又增加了我们工作的信心。

——爱默生

如果人一生寻求的只有一件事的话，在自己的生命结束之前有希望得到它。而对于那些渴求太多的人，纵使走遍天下去寻找，也只能从他们播种的希望中收获到贫瘠的悔悟。

——欧文·梅雷迪斯

我生存的时间越长，我就越是坚信在人与人之间会产生明显的差别——差别会出现在强者和弱者之间，有名望的和无关紧要的人之间，差别源于你付出的精力的多寡，你是否有坚定的决心。目标一旦形成，接下来的不是胜利就是死亡。

——福韦尔·巴克斯顿

“法兰克福没有足够的空间容纳我们所有的人。”内森·梅耶·罗斯柴尔德在谈及自己和他的4个兄弟时，是这么说的，“我正在从事着英国货物贸易，一个大的经销商来到那里了，他带来的市场一定不小，他绝对是个大人物。他要是能卖给我货物，同我进行交易，那可是对我最大的帮助。不知怎么回事，我冒犯了他，因而他拒绝向我展示他的货物。那是在周二的一天，我对我的父亲说我要去英格兰。周四我就启程了。我已经觉察到，越是接近英格兰，那里的货物就越便宜。我一到达曼彻斯特就花光了所有的钱，因为那儿的东西实在是太便宜了，就这样，我算是大赚了一笔。”

一名听众却说：“我希望您的孩子不要那么迷恋金钱和买卖交易，进而放弃了许多更重要的东西。我相信你也不愿看到那样的结果。”

罗斯柴尔德答道：“我觉得我还是希望有这样的结果的，我希望他们的头脑、灵魂、躯体包括他们所拥有的一切，都能全身心地投入到经商中，那也是为自己赢得快乐的方式之一。”“年轻人，坚持做这个生意，”他叫过来一名年轻的啤酒制造商，接着说，“坚持做好你的啤酒厂，那么你有可能成为伦敦最大的啤酒厂拥有者。作为一名制造商、银行家、商人、生产商，你很快就将成为名人登上报纸。”

并不是所有的事物都平淡无奇，但有一件事极其需要时间。如果一个人不能够集中精力，在这激烈竞争的年代，他是不可能有望获得成功的。

“货物移走了，消息也有了，地毯被踏平了，任何事物都充满了诗意”，这是在伦敦从事此行业并不出众的一位诗友的写照，然而，这一切提醒了巴黎的柯南先生。他是一位抄写员，他记住了很多账号，解释过花所代表的含义，卖过炸薯条。

那些成功人士与失败者之间最大的区别不在于他们做了多少的工作，付出了多少的劳力，而在于谁付出了更多的脑力劳动。许许多多失败的人，他们也做着大量的工作，为的是取得更加实际的宏大成就，但他们的付出纯属偶然，也许左手刚构建的一切，转眼就被右手拆毁于一旦。他们没能把握局势，没有利用身边的一切为自己创造机会。他们不具备这样的能力，即将自己遭遇的切实的失败转化为真正有效的胜利。那些失败者有了足够的能力，并有了充分的时间，所有这些都是达到成功的基本要素，但他们永远都像在不停地抡动一只空空的织梭，这样的结果就是，人生的大网永远不可能织就，他们不会成功。

如果你问及这些人，什么是人生的追求目标？他也许会这样回答你：“我几乎不知道什么最适合我，但我绝对是劳动的真正信徒，这一生当中，我会坚定不移地从早到晚辛勤劳作，而且我觉得，这样的我早晚会得到回报的，或许是黄金，也可能是白银，就算是铁块也好。”当我听他说完这些，我断然告诫他，这样是不行的。你何时见到那些聪明人为找到金矿和银矿翻遍整个大陆。有些人终生找寻那些就在他身边的东西，结果一生毫无收获。如果你的一生没有任何特别的追求，那么你就会觉得人生不过如此。我们应当全身心投入个人追求中。人生的过客有很多，但人人都有自己的追求目标。就像那飞舞的蜜蜂，你可不要只把它看作花中的过客，它的每次来访都是为了花蜜的采集。其实，从我们年轻时的学习和磨炼中学习到的东西，多少并无关紧要，重要的是，当你步入社会，对于你的未来所要从事的工作要有一个明确的想法。要知道，你绝不会偶然就进入一个强大的团体中，你也不可能马上成为团体中说了算的人物。

伊丽莎白·斯图尔特·菲尔普斯·沃德曾说："人生中最大能量的展示，就是在拥有一个确定的生存目标时，所显露的信心和气势。你会惊奇地发现，当他开始为一个特定的目标奋斗之时，他说话的声音、衣着打扮，甚至是他那行动的姿势都会有着你意想不到的改变。在拥挤的街头，我总是幻想我可以选择做一名自力谋生的家庭妇女，她们看似忙碌，其实她们真的是欢快和幸福的。她们生活在一种自立自尊的氛围之中，也许她们有时看上去衣着破旧，但这丝毫不会对她们的生活产生任何影响。因为她们所拥有的正是那些衣着华贵艳丽者所不具备的，也许长期的劳作会使她们身体疲乏或是病痛缠身，但这一切始终无法改变她们那幸福快乐的生活。"

据说对于那些连自己该去哪个港口都不清楚的海员，海风都不愿吹动他们的头发。

卡莱尔说："即使是最弱小者，只要他集中全部的力量在一件事物上，他最终必有斩获。而那些最强大者，他们把个人精力分散到了太多的事物中，结果是一无所获，最后以失败告终。滴水可以穿石，海面上那些看似汹涌骇人的巨浪，却在拍岸过后没有任何行迹。"

"当我年轻的时候，我总是以为雷声能杀人。"这是一位精干的传教士的讲述，"但随着我年龄的增长，我才明白，闪电才是真正的凶手。所以我下定决心去做发光的闪电，而不做有声无用的惊雷。"

一个人拥有一技之长，而且比其他人做得更出色，那么即使他掌握的只是一门种菜的手艺，也终究会得到他本该得到的一切。就是说，如果他种出了最好的萝卜，而且是因为他把全部的精力都投入到此项事业之中，那么他将是人类的贡献者之一，并将得到人们的认可。

如果蝾螈的身体被一分为二的话，那么它的前段会向前奔去，而另一段则向反方向逃去。这就好比目标分散者，他们所迈出的每一步，并不都是积极和进步的，要成功就不能分散精力。

如果一个人一生当中不能全身心投入到对一件有意义的事物的追求中的话，那么他人生只会有一个结果——失败。你把牛油烛扔出去，穿不透一面帐篷，但如果将它像子弹一样射出，却可以射穿橡木板。把火药装进子弹中看似平淡无奇，但它的能量在一次射击中可射穿四个人的身体。即使是在寒冷的冬季，只要你能够把太阳光线集中于一点的话，你也可以轻易点燃干柴。

人类的祖先都是专心致志者，他们挥动着大锤，不停地在一处敲击着，直到最终完成自己的目标。而在今天，成功者所要具备的是，一个带有征服性、与众不同的想法，一个坚定不移的目标，而且你的目标可能是简单的，但你的拼争一定要是投入的。在美国，从商最怕的就是精力分散、不能全心投入。也许有太多的人正像道格拉斯·杰罗尔德的朋友那样，他的这位朋友可以用 24 种语言与别人进行交谈，但却不知怎样始终如一地用一种语言进行表达。

希尼·史密斯说过："唯一有价值的学习就是尽情地去阅读，以至你觉得怎么吃饭时间提前了两小时。和历史学家莉维一起学习，你会了解是鹅叫的声音挽救了古罗马朱庇特神殿，你会了解到在坎尼战役之后迦太基的军中，小贩是如何收集罗马骑兵的戒指，然后堆成一堆。只要你细心阅读，所有这一切都会出现在你的面前，此时，敲门声也许对你的学习稍有影响，但这两三秒钟的时间足够让你确定，自己是否在全身心地学习，也许此时你正沉浸在伦巴第平原上，注视着汉尼拔那饱经风霜的面孔，心中极其仰慕地品味着他那非凡的军事才华，尽管他只有一只眼。"

查尔斯·狄更斯曾说："在每个人的学习和追求中，最为稳定且可为你所用，又能回报你的那份稳定品质就是集中精神，我自己的发明或是想象出来的东西，都是精神集中的结果，我可以非常有信心地向你保证，要不是那些看似平常的习性，如谦逊、忍耐、勤奋不知辛劳地工作，我是不可能获得今日的成就的。"当问及他的成功有何秘诀时，他的回答是："只要是属于我的，应当由我来完成的事，我做起来从不三心二意。”“做任何事都要尽心竭力，”约瑟夫·格尼在给他儿子的信中这样写道，“无论你是在学习、工作还是游戏之中，都要如此。”

不要把你的人生目标当儿戏。

查尔斯·金斯利说过：“我全力以赴做好我的本职工作，就当世界上暂时没有其他事情存在。这就是所有的努力工作者的秘诀，但是大多数人却没能将这一准则带到他们的工作之中。”

很多人都没能成为一个成功人士，原因就在于，他们将自己的人生目标分成多个小目标，宁可做一个勉强过得去的“全能选手”，而不是全力去做一名在某一专业无可匹敌的专家。

爱德华·布尔沃·利顿曾说：“许多人曾问过我是在什么时候安排时间来写书的，我到底是怎么筹划这么一大堆工作的，其实，他们看到了我平日里安排有序的忙碌生活，仿佛我从没当过学生。而对于他们所提问题的回答，有可能会让你大吃一惊。我的回答就是，我细心筹划所有我要做的事，但每一次都不会为自己安排太多工作。一个人要想把工作做好，并不一定要靠个人的过度劳累来实现。换言之，如果你一日当中做了太多的工作，那么随之而来的身体疲倦，会令你在接下来的工作日当中无法去完成更多工作。此时，我十分急切地想开始我的学习，或者说以前在大学校园内的学习根本算不得学习，直到我离开校园，真正步入社会，我才体会到什么是学习，我可以明确地说，你和我同一时代大多数人所能够读到的，我已经完全掌握。我曾到处游历，增长了不少见识。就算是政治事件我也曾牵涉其中，当然，除此之外，还有更多的不同性质的人生事件。除了上述这些以外，我还在别处出版了 60 卷作品，其中有些作品内容是要在一些学科当中做特殊研究的。你可以想象一下，哪些时间是我用来阅读、学习和写作的呢？ 其实每天属于我的时间都不超过三个小时。但就是在这别人看来短短的每天三个小时里，我总是全神贯注地做我该做的事。”

塞缪尔·泰勒·柯勒律治拥有绝顶的聪明才智，然而，他的生活却始终没有一个明确的目标。他生活在一个精神境界极其放荡和飘逸的环境之中，这极大损耗了他的个人才能，浪费了精力，结果是他的生活在诸多方面都是以悲惨的失败而收场。他生前有太多雄心勃勃的抱负，临死仍活在虚幻的梦想之中。他不断制订自己的计划和方案，可直到他与世长辞之时，这些计划和方案仍是些虚无泡影，根本就没有实现。

他总是想要去做点什么，却总是不知从何处着手。查尔斯·拉姆在给朋友的一封信中这样写道：“柯勒律治去世了，据说他遗留下的关于形而上学和神学的论文共有 40000 篇，但没有一篇是写完整的！”

每一个伟大的成功人士，可以说都有自己的过人之处。换句话说，他们每一个人所从事的职业与他们的个人能力是相契合的。

贺加斯会把他的注意力完全集中在一张面孔上，进行细心的研究，直到将这一形象深嵌在他的记忆中。当他再次进行创作之时，脑中的各类形象可以随写随取，运用自如。他对看到的所有物件，都会细心地研究和品味，好像错过了这次机会，眼前的东西就再也见不到了。就是这种近距离观察的习惯，使得他的作品在被他人欣赏之后都会给人留下这样的印象——细致入微，而且还紧跟时代步伐。这一点在他的作品中有所体现，反映出他所生活的时代特色。虽然他并没有受到过好的教育和文化培养，但却有着常人所不及的观察力。

一支庞大的游行队伍从百老汇前面经过，街道上挤满了人。与此同时，另一支大规模的乐队一直在精力充沛地演奏着，霍勒斯·格里利在这种情况下，坐在爱思多宾馆的台阶上，拿自己的帽檐当书桌，丝毫不受影响地为《纽约论坛报》撰写社论，他的社论很受欢迎，并被广泛援引。

因为对某篇文章中尖酸刻薄的言论有所不满，一位绅士来到了论坛报办公室，并一再声称要见主编。最终，他被带到一个私人会所，在房间里，格里利正在埋头工作，他以每分钟80字的速度写着稿件。这位还在怒气中的男子问他是否就是格里利先生。“是我，先生，你有事吗？”主编快速回答道，却始终没有从他的稿件上抬起头。这位来访者明显被激怒了，马上就不再顾及素养，大展其“口才”。此时，格里利先生却充耳不闻，继续写着。一页页就这样以最快的速度往下进行着，他的姿势一直没有改变，而且没在来访者身上分散丝毫的注意力。一开始还能听到充满激情的辱骂之声从主编的办公室里传出，就在20分钟以后，愤怒的来访者感到有些厌烦了，突然转身朝门外走去。而就在那时，格里利先生第一次抬起了头，并从他的座位上站了起来，来到这位来访者身边，亲热地拍着他的肩膀，同时用一种欢快的语调说道：“朋友，别走啊！来，坐下，先放松你的大脑，这会对你有好处的，你会感觉更好。除此以外，这让我考虑哪些是我将来要写的，不要走！”

具有一个不可动摇的奋斗目标永远是成功者的特点。

正如亚当斯所建议的那样，布鲁厄姆爵士就如坎宁一样，他有太多的个人才华，尽管作为一名律师，他已经获得了他这一领域的最高奖励——英格兰首相勋爵，同时他在科学领域的研究也值得人们赞颂。然而，就他整个一生来看，还是失败的。他这人就是每件事都尝试一下，没有一件是做长久的。虽然他有着过人的才华，却并没有在历史和文学方面做出任何辉煌成就。实际上，到生命的晚期，人们记得的只是他本人，毫无名声可言。

马蒂诺女士说：“布鲁厄姆爵士生活在戛纳的城堡之中，而当时正是早期的银版照相开始成为时尚之时。一位艺术家带领一队游客，站在城堡上，想一览城堡的风光。许多游客都想和这位爵士老爷合影留念，他被要求静静站立五秒钟，他答应绝不会动的，但遗憾的是，他还是动了。这样的结果就是本应当是布鲁厄姆爵士出现的地方，那里却是一团模糊。”

马蒂诺女士接着说：“在这件事中突出了一个非常明显的问题，在我们所留下的那些历史生活的照片中，布鲁厄姆爵士本应当是照片中的重要的中心人物。但由于他个人欠缺沉稳和坚定，因此在本应是他现身的地方，永远是一团模糊。不知道历史上有多少人都是以这样模糊的形式而告终的，原因和布鲁厄姆爵士是一样的，就是他们个人在贯彻自己的目标时，不够沉稳，精神不够集中。”

福韦尔·巴克斯顿把自己的成功归因于对普通的方式方法加以特别的应用，而且一次只做一件事，直到完成为止。认定一个目标，坚持不变，你就会成功。

针尖小到让你几乎看不到，而那些剃刀和斧头却大展其锋利修长的边缘，就因为它们背后都有宽大的后台支持着。要是没有这些针尖和边锋，那些大家伙全都是无用的废物。这就如某一专业人才，当他的个人才能得以展示之时，他可以排除万难直至取得最后的成功。而在通往成功的道路上，你千万不可一味追求多才多艺，从而导致你个人才能不能协调发展。我们应放弃这种狭隘的思想，以眼前事业为重，全身心投入其中。就像普拉德所说，一位多才多艺的演讲者，他的演讲听起来有如奔腾的激流，极富变化，但转瞬之间就令人无从把握。一会儿是政治观念，一会儿又是俏皮话了。开口是穆罕默德，仔细听来，又和摩西搭上了联系。刚以法律为题发起演讲，转眼就在讲无穷无尽的闪烁的星星，而结束语竟说起了捕鳗者和钉马掌人的行动箴言。

如果你教一个孩子学走步，你让他的眼睛什么都去观望，慢慢地你会发现，有些东西他根本就没有看清，或者说是没有留下任何印象。也就是说，他的精力完全分散了，他对路过的事物毫无印象，只是一味地走着。

当一个年轻人在社会上寻找工作的时候，不再有人问及他来自哪所大学，或者是他的祖辈是谁，而是会非常直接地问：“你能做些什么？”这种情况下，能够被接受的是受过特殊化训练的专业人才。现在很多大公司或是企业的高级管理者就是这样一步步地从底层提升上来的。

“我知道他很能吃苦。”塞西尔在谈及沃尔特·雷利时，这样解释后者的成功。

通常，只要你希望成为领导或是有高升的奋斗目标，并为此付出努力，你就会成功。

有如海中的大潮，前赴后继，而且它们的顺序绝没有变更的道理，知识、财富、成功也是如此。在所有成功的先例中，我们都能找到成功者全神贯注的实例，并且是将个人的才能毫不动摇地投入到一个目标的奋斗当中。即使面对诸多的艰难险阻，他也不会放弃，始终坚持不懈。当一个人有了这样的人生目标，他可以展现出无穷的勇气，去抵抗前进路上的诸多考验，去面对失败所带来的消沉，还有那形形色色的诱惑。

化学家告诉我们，燃烧 1 英亩的草所产生的能量，可以驱动磨坊和蒸汽机车，我们可以获得这样的能量，但我们却把目光集中在蒸汽机的活塞连杆上。所有的草原还是老样子，从科学的角度来看，它们相对来说不具备任何价值。

马修斯博士说过，那些将个人精力分散在许多工作上的人，将会很快地失去他的精力，当然还会失去热情。

沃特斯说：“永远不要去研究如何投机，所有的这类研究都是徒劳无益的。要想掌握投资技巧，你可以先制定一个投资方案，初步确定你的投资目标，然后，去实施你的计划，这一过程中你可以完全掌握你所要学的东西，而且你一定会成功的。前面我对于投机的阐述，也许对于投机的学习某一天会有用，但现在看来，它就是一种完全没有目标的学习。这就像故事当中那位妇女的举动，她在一次拍卖会上花高价买下了一个黄铜门牌，就因为它的上面印有汤普森的名字，可她的头脑中始终抱有这样的想法，这东西总有一天会派上用场的！”

确定目标是一门真正的艺术。一名伟大的画家，不会把所有出色的想法同时体现在一幅画上，也不会让所有的形象不分主次地在他的作品上蜂拥展示。他是一名真正的艺术家，不同的形象依其主次，在他的画作中得以展示。主导形象肯定是在中心位置得以展示，其他的辅助性形象，包括光、影等因素也被谋划得错落有致，条理有序。这就好比在每个人条理清晰的生活中，无论你是多么多才多艺，也不管你有多么深厚的文化素养，在你的生活中总要有一个中心目标。而其他的附属性力量，则以此目标为中心来开展活动，各司其职。在自然界中根本就没有浪费的精力，也没有什么是碰巧生成的。每一个在混沌中造物的过程都镌刻着大自然的珍贵思路，每一片树叶，每一朵花，每一颗水晶，甚至每一粒原子上都标刻着它们自己的目标，而这些目标却又都分毫不差地来自造物的最高境界，也就是自然最完美的创造——人类。

年轻人常被告知要有更高的人生目标，但我们在确定目标之时，一定不要超越自己的能力范围。只有一个笼统的目标计划也是不够的。开弓没有回头箭，一旦目标确定，就要像那射出去的箭一样，为达到最终目标，实现最后的胜利而努力奋斗。在这一过程中，容不得丝毫的徘徊和踌躇。磁针无法指向天上所有的星光，明示它最喜欢的是哪一种。所有的星光都对它具有吸引力。太阳的绚烂夺目，流星的召唤，还有群星的眨眼示意，这些都在试图赢得它的欣赏。对于磁针的本性来说，却能在阳光和风暴之中，不受影响，坚定不移，分毫不差地指向北极星。因为北极星远离人类，庄严而又稳定地运行在它的轨道之上已超过 25000 多年，而其他星体，在过去的年岁中，总是以北极星为中心，始终不懈地运行在它的周围。人生的道路上总会出现这样或那样的发光体，对你进行吸引和召唤，使你脱离你那宝贵的既定目标，让你不再把握真理，不再明确地承担责任。然而，吸引毕竟只是吸引，就像月亮流光，流星溢彩一样，它们永远不可能为我们指明方向。你的目标一旦确定，就应当像罗盘上的磁针，坚持不懈地指向你的北极星——你所确立的人生目标。

第十三章
热忱的胜利

我们热衷的工作可以让我们忘记劳作的辛苦。

——莎士比亚

最能表达人类真诚的确凿证据，就是你为了某项原则奉献终身。言语、金钱的付出相对容易。但当一个人将日常生活中所有时间都倾注于实践某项真理，那么显然他已经受其支配了，无论这真理是什么内容。

——洛威尔

千万留住你的激情。也许我们曾有过辉煌时刻，留下那些值得赞美的事迹，因为那是你的兴趣之所在，它们可以丰富你的人生，让你的生活更加完美。

——菲利普·布鲁克斯

在巴黎一间美术馆里有一座美丽的雕像，这件作品却出自一名穷困的雕塑家，他工作并生活在一间窄小阁楼内。当他即将完成作品的黏土模型时，一场大霜冻侵袭了这座城市。他非常清楚，如果黏土间隙的水分被冻结的话，那他的心血和努力就白费了。因此，他将自己的睡衣包裹在他的作品上。第二天，他被发现冻死在了工作室，但他的构思、他的作品却得以保存下来，并且成为世界上一件不朽的杰作。

亨利·克莱说过：“我不知道当与他人谈及重要的事情时该作何种反应，但当我处在这种场合之时，对于外部的一切我似乎已毫无关注。此时，我全神贯注地将精力集中在眼前的事情之上，我已不再有个人的意识，也没有了时间的概念，周围的一切都不在我的眼中。”

“银行绝不会变得很成功，”一位著名的金融专家说，“除非可以雇用到一位废寝忘食的总裁。”这就是激情的作用，激情往往给一些枯燥乏味、死板无趣的职业以新的含义。

当年轻情侣爱意加深时，他们对于对方的观察也更加敏锐，所谓“情人眼里出西施”也许就是这个道理。在对方的身上，他可以找到上百种美德和诱人之处，而这是他人很难发现的。因此，当一个人浑身充满活力和激情时，他个人的洞察力会得到提升，视野相对放宽，能够观察到其他人在日常所无法看到的地方。要知道这一切都是对他所经历的艰难困苦的补偿。狄更斯说，当他初步具备了某一故事的创作构想时，他会为剧中的情节和人物的创作而煞费苦心，他会终日以此为念，有如着魔一般，他会因此无法安寝，不思茶饭，直到最后完成他的作品。他曾为了完成一份初稿，把自己关了整整一个月，等到人们再次见到他从房间里走出来时，他已憔悴得如同一个难民，受尽了他所创作的角色多个昼夜不停的折磨。

"我敬爱的创作大师先生，我也想搞一些创作，能教我怎样做吗？"此话出自一位12岁的少年之口，他曾在钢琴演奏方面表现出了过人的技艺。"不行！不行！"莫扎特断然地答道，"你还太年轻。"这名男孩很是不服气，他脱口而出："可你当初搞创作时比我还年轻呢！""的确，我最初创作时比你现在要年轻，但我从来不问这样的问题。"这位伟大的作曲家补充道，"当一个人真正具有了创作激情之时，他是必须要完成他的创作的，无论是谁，即便是他本人都无法阻止内心激情的涌动。"

格莱斯顿曾说过，激发一个孩子内心深处的热忱是非常有意义的一件事情。每一个孩子的身上，都有着常人无法看到，却对他本人非常有用的东西。这些东西并不只是那些出色的和聪明的孩子才有的，即使在那些反应迟缓，看上去有些愚钝的孩子身上，也一样存在，因为呆笨只是表面现象。如果他们具有了完美的内心热情，你会惊奇地发现，之前流露出的迟缓呆笨，竟在这种热情的影响之下，日渐散去，最终在他的身上消失得一干二净。

格斯特尔曾是一名不为人知的匈牙利人，然而，经过大剧院的首演她立刻声名鹊起。她表演的激情令观众着迷。在不足一周的时间内，她变得大受欢迎而独立发展。她浑身充满了成长和进步的激情，她将内心中所拥有的能量满腔热情地投入到了个人的自我改进和提高之中。

所有艺术作品的诞生都来自他的创作者对美好事物的追求，这些艺术家会因此而沉醉，他们会因此而变得不眠不休，直到他们的艺术构思得以完美地展示于人前。

“是这样，我已尽了我最大的努力，”当一名评论家表达了对于玛丽布兰能够从低音 D 上升三个八度音阶唱到高音 D 的钦佩之情时，她这样说道，“为了做到这一切，我花费了一个月的时间。我无时不在训练和琢磨，无论是晨起梳洗时，还是外出穿衣时，我都在练习发这个音，而就在这一个月苦练之后，在一次一边穿鞋一边进行的练习中，我终于成功了！”

爱默生曾说：“如果细数世界上所有庄严伟大的时刻，无一不是激情成就的典范。我们就以穆罕默德为例，阿拉伯人在他的领导之下，仅在短短几年的时间里，就建立了比当初罗马帝国还要辽阔的属于自己的王国。他们的作为超乎人们的想象。他们没有盔甲，但是用信念武装自己，这让他们的战斗力不亚于那些骑兵部队。在他们的队伍中，男女齐上阵，同心协力，征服了罗马帝国。他们的装备不是很好，而且生活条件也相当糟糕，但他们是一支自律的部队。对阵时，他们并没有美酒和鲜肉的供给，却靠着大麦先后征服了亚洲、非洲和西班牙。”

就是那份激情和活力，才使得当初的拿破仑在两周内取得了战役的胜利，而在常人看来，这至少需要一年的时间。“这些法国人太不可思议了，他们简直就是神兵从天而降！”奥地利人战后这样惊叹地评述着。在 15 天的时间里，拿破仑就在意大利战役中，取得了六场胜利，共缴获 21 面军旗，55 门加农炮，还有多达 15000 名俘虏，他就是这样征服了皮埃蒙特地区。

在一场压倒性的胜利过后，一位战败的奥地利上将说道：“这位指挥官太年轻了，他一点儿也不懂得作战艺术，完全就是一个无知的笨蛋。在这种情况下，他们什么都做得出来。”然而，就是这位“小班长”带领他的一小队士兵，活力百倍地完成了一个又一个任务，取得了让人意想不到的胜利。

博伊德将军说：“有很多重要的事件体现了三心二意和一心一意的区别，它们所带来的是显而易见的失败和精彩的胜利。”

纳尔逊在一次严重的危机面前说道：“如果我此时告别人世，你会发现我心口上镌刻着四个字‘给我军舰’。”

法国英雄圣女贞德手执利剑与圣旗，开始了与英国军队的作战，她对自己使命的坚定信念带给法军让人震撼的激情斗志，这是法国的国王和大臣也无法带给这些士兵的。她的热情感染了士兵，征服了整个战场。出色的伟业每个人都可以做到，只要你明白你自己的能量所在！但人有时就像被拴住的骏马一样，他不会意识到自己还有更大的能力，除非你放开他，让他独立奔跑。

缺乏热忱不可能带领军队走向胜利，也不会让艺术品活灵活现；不会让人们谱写出高雅的音乐，也无法征服威力无穷的自然。不懂得利用热忱，人们无法建起宏伟的建筑，无法完全投入到诗歌创作之中，更不可能为慈善事业做出贡献。热忱就像我的双手一样重要，我用它塑造了底比斯城门上门农的雕像。正是热忱让伽利略举起望远镜，让全世界在其视野内臣服；正是热忱使哥伦布历尽艰险之后享受到巴哈马群岛的晨风吹拂；正是热忱令人们为自由而战，还是它令原始森林中的人们逐步踏上文明之路；也是因为热忱，弥尔顿和莎士比亚才写下一页页流传千古的名篇。

霍勒斯·格里利说，只有高尚的工人有活力地投入他的工作之中才能创造出最好的劳动成果。

“最好的工作方法是诚心，”萨维尼说，“你可以将你内心的真诚表现在言论上，真诚可以帮你克服很多缺点。首先，你要学习学习再学习，否则再有才华也无用武之地。即使为了掌握很简单的一个环节，我都曾花费了几年时间。”

有一种干劲、冲动、热情甚至达到狂热的程度，这种热忱多出现在美国公民性格和生活中。在热带国家也许你不会发现这种情况，50年前这种品质还不曾出现，在伦敦证券交易所也不会出现，但对美国和澳大利亚的影响已延展开来。在那里，一个人要想取得成功，他必须拿出生命中所有的激情和活力，这种品质在过去只是少数伟人所能拥有的，而现在已遍布全国，成为一种民族的性情。激情是一种存在，在你工作时遍布你全身每个细胞之中，也正是内心所渴望的一种快感。也就是这份激情让维克多·雨果为了完成他的《巴黎圣母院》将外衣都锁进柜子里直到完稿。著名演员加里克也很好地诠释了热忱这一概念，一次，一位事业受挫的牧师向他询问赢得观众的秘诀，加里克告诉他："你总是把真实的事情或是你认为是真实的事情讲得仿佛你自己都不大相信，而我总是把一些我知道是假的或是虚构的事情说得就如我是骨子里相信它们是真实的。"

有三个人曾做过一个游戏，分别写下他们见过的性格最好的朋友。"当他进入房间时，每个人都感到他精神焕发，恰似刚服了一剂补药，生命也焕发出新的活力。"当被问及为何选择此人时，其中一人这样回答道："他是一个热情、有活力的家伙，充满着欢乐，精力充沛，他的热情会像闪电一样快速地出现。"

"他把自己投入到这样的生活之中，无论自己做什么样的事情，他都会全身心付出。"第二个人则这样赞扬他选择的人。

"他对身边的一切尽心尽力。"第三个人在谈到自己最欣赏的朋友时这样说道。

这三个人是著名英文杂志的旅行记者，他们到过世界每一个角落，和各色人等有过交流。而他们惊奇地发现，他们的纸上写的竟是同一名杰出的澳大利亚墨尔本律师的名字。

"要不是尊重人们的意见，我一次都不会打开我的窗户观望那不勒斯港湾，而是去五百里格[1]以外的地方和我以前从未见过的智者见面。"斯达叶尔女士对摩尔女士说。

伟大的作品总有一种隐秘而和谐的力量，可以把后世的欣赏者带到作品创作时的那种情境，而这种力量的来源便是作者的热忱。

[1] 旧时长度单位，1 里格约等于 4.83 千米。

贝多芬的传记作者有这样的一段记述："那是一个寒冬的午夜，我们正步行穿过一条巷道。'嘘！ 安静！' 这位伟大的作曲家突然停了下来，指着对面房子，'那是什么声音？ 它是我的F大调奏鸣曲！ 演奏得太好了！'

"在演奏的尾节突然出现了一个中断，一个呜咽的声音啜泣道：'我弹不下去了！ 这首曲子太美妙了！ 已经超出了我的能力，我无法完美地演奏出来。要是我能去听一次在科隆的音乐会就好了！''啊！ 我的姐姐，'另一个声音说道，'别叹气了姐姐，烦恼并不能解决问题啊，因为我们支付房租都困难！''你说得对，'第一个声音接着说，'然而，我是多么希望能够听一听真正优秀的音乐，可希望有什么用呢？ 最多只是我的一个念想罢了。'

"'我们进去吧！' 贝多芬说。'进去？' 我抗议道，'我们进去做什么呢？''我将为她进行演奏。'我的朋友以激动的口吻回答道。'她是一个天才，我能感觉到，也很理解她，我来为她弹奏一下，她就会明白该怎么做了，请原谅我的冒失。'他继续说道。他打开房门进入房间，看到一个年轻人正坐在桌子边修鞋，而在那架老式的钢琴边靠着那位弹奏的女孩。'是你的音乐把我吸引到了这里，我是一名音乐家。我也听到了你们的谈话。你说想听到那首曲子，既然你那么想再次听到它，那么，就让我来为你弹奏吧！'

"'谢谢你，'鞋匠说道，'可我们的钢琴实在太破了，我们也不懂音乐。'

"'不懂音乐！' 贝多芬惊呼了出来，'可是，这位女孩怎么能演奏出……请原谅……' 当他看到那女孩是一个盲人时，他变得有些结巴，他马上补充说：'我刚才没有注意到。那你就是只凭听觉来弹奏的吗？ 你是在哪里听到这些音乐演奏的呢？ 你们没有什么机会听音乐会吧？'

"'我曾在布鲁塞尔住了两年，在那儿的时候，我常听到附近的一个女士弹琴。夏天的夜晚，她常打开窗户，我就会漫步到她的窗下，去听她的琴声。'

"贝多芬坐在了钢琴边，在我认识他这么多年的时间里，我从未听他弹奏过这么精彩的音乐，他为这对年轻姐弟演奏出了世上最美的乐曲。即使是老旧的乐器，也受到感染，那晚特别有灵性，发挥得特别好。这对年轻的姐弟完全被空气中所流动的那神奇的醉人音符所吸引了，音乐抑扬顿挫，汹涌起伏，突然屋内唯一的烛光变得摇曳飘忽，直至最后熄灭。屋里的百叶窗被拉开了，一泓明媚的月光倾波而入，贝多芬也停止演奏而陷入了沉思。

"'太了不起了！'那个鞋匠低声嘀咕着，'您是谁？'

"'你听听看！'大师回答道，他接着弹奏起了F大调奏鸣曲。'您就是贝多芬吧！'那两位年轻人惊呼起来，兴奋地认出了他，'哦！请再为我们演奏一次吧！'当音乐家起身要走时，两个年轻人站起身，央求道：'再为我们演奏一次吧！'

"'我将即兴为今晚的月光弹一首曲子。'他说着，出神地望着窗外银色的月光，和那冬季夜空中闪烁着的繁星。接下来，他弹奏了一首哀婉的却又流露出无限深情的曲调，优美的旋律从琴键中溢出，恰如这一地明净的月光。一阵清风拂过，中间穿插一段轻快的三拍子过门，犹如在草坪上舞蹈的灵怪。接下来是一段急速的激情澎湃的尾声——一曲让人窒息的、变幻不定且给人一种震颤感的乐章，令人仿佛翱翔于天空，令人无从把握，那瑟瑟的伴音，仿佛要把人带向远方，最后留给人的是无限的深情和思考。'再会了，朋友们。'说话的同时，他从琴旁起身朝门口走去。'您能再来吗？'那两位主人同时脱口问道，目光焦急地企盼着。'当然，我一定会再来的。'贝多芬匆忙地做出了明确回答，'当我下次再来的时候，我会为这位女孩传授一些知识，再见！'接下来他转身对我说：'我得快一点儿回去，我要凭记忆把我所弹奏的音乐写成乐谱。'我们赶紧回去了，天刚破晓没有多久，彻夜未眠的他慢慢地从桌旁站起，手中握的就是完整的《月光曲》！"

米开朗琪罗研究解剖学足有12年时间，而这也差点毁了他的个人健康，但更重要的是，他这一研究过程确定了他的风格，充实了他的实践经验，成就了他的荣耀。之后他每次雕塑人体都先考虑人体骨骼，再研究肌肉、脂肪组织和皮肤等，最后确定服饰。他在塑像时，用到了每一样他所能用到的工具，包括锉刀、凿子和钳子。而且他也会亲自准备好所有的颜料，甚至绝不会让仆人或学生插手。

拉斐尔的热忱感染了意大利的每一位艺术家，他那谦逊的态度和引人入胜的个人创作风格，抵消了当时艺术界的妒忌和猜疑。他被称为历史上唯一一位一生中没有树过敌的伟人。

英国作家班扬曾有很多机会可以获得自由，但他没有和失明的女儿马丽分开。就像他曾说过的那样，一想到他的女儿，就感觉犹如裂骨分心，因为他明白，他是这个家庭中最大的依靠，但他绝不能因此而分心，他要继续自由宣讲，而他所做的一切是为了让更多的人获得自由，绝不单单只是因为对自由的热爱，更不可能是出于个人雄心的考虑。要知道，由于他对个人早期教育的忘性，他的妻子不得不再教他如何读和写。就是出于对自己的激情的确切把握，使得这位出身贫困，而且一直被人忽略、受人歧视的贝德福德补锅匠写出了流芳百世的寓言故事《天路历程》，也正是基于这部作品的魅力，他的作品成为在世界范围内被人传诵的佳作。

作为思想的传播者，你只有多听取带有生命力和活力的语言，并在你的传播中加入这样的成分，你才有可能点燃沉睡在其他人内心中的那些激情的火花。

已故的历史学家弗兰西斯·帕克曼倾其一生为他的事业做出了极为罕见的贡献。当他还在哈佛求学的时候，他便决心去研究并写出在北美生活的英法两国人民的历史。随着目标的确定，他表现出坚定的信心，并付出了巨大精力。可以说，他为之付出了自己的一生，他所有的财产。他为了收集材料，在和达科他的印第安人生活交往时，健康状况严重恶化，在他人生后续的 50 年中，每一次用眼时间最多不能超过 5 分钟。他一生都在坚定不移地追求着这一他在年轻时所确立的崇高目标，最终他向世人交上了一份满意的作品。

林肯曾为了学习，在一个大雪天步行6英里去借一本语法书，当他回到家后，就立刻全神贯注投入到学习中。

吉尔伯特·贝克特是一名英国的战士，他后来成为俘虏被判入狱，并在一座阿拉伯王子的宫殿做了一名奴隶。然而就在这种情况下，他不仅获得了主人的信任，同时还赢得了主人美貌女儿的爱情。不久，他逃回了英格兰，这个女孩决定随他而去。但她仅懂得两个英语单词——“伦敦”和“吉尔伯特”。她逢人就一遍遍重复“伦敦”这个单词，最后竟然登上了前往这座大都市的轮船。到了那里之后，她开始找寻吉尔伯特，见人就说“吉尔伯特”。最终，她幸运地找到了吉尔伯特所居住的那条热闹街道。屋外的叫喊声吸引了全家人的注意，他们来到窗前张望，当吉尔伯特看到这个女子时，认出了她就是远道而来的公主，他激动地将她拥在怀里，带回了家中。

年轻人最让人无法抗拒的个人魅力就是激情。他们无视前途的黑暗，无视肮脏狭路的阻碍，更不会觉得没有出路。在他们的眼里，这个世界上根本不需要失败的存在。他们坚信人类等待了这么多个世纪，为的就是他这个解放者的到来，他会带给世间真理、能量和美丽。

禁止这个名为汉德尔的男孩子去接触乐器有用吗？ 或者说不让他去上学，以免他去学习音乐有用吗？ 一切都是徒劳的。在一间秘密的阁楼里，当时已是后半夜，汉德尔还是悄悄利用一架废旧的钢琴进行学习。而巴赫从小因为缺少蜡烛，不得不借助月光抄写所用的学习资料。即使这些抄写成果被人夺走了，他依然没有灰心。画家韦斯特在阁楼上开始作画，而他为了画画，不得不把自家养的小猫当作牺牲品，取它的毛来制作画笔。

正是年轻人的激情活力解开了多年难以解决的难题。“因为有了青年人的活力，人们常为此欢笑，”查尔斯·金斯利说，“有了这份活力，你可能会悄然无声间回顾自己曾经所做的一切，也许会偶尔勾起你的一声叹息，而这又会令你明白，曾经遭受的挫败无一不是缺少了这份活力！”

但丁对于整个世界的贡献无一不被归功于他的创作激情！

丁尼生在 18 岁时就完成了他的第一部作品，紧接着在他 19 岁那一年，又获得了“剑桥大学奖章”。

罗斯金曾有过这样的评述：“细数所有的艺术创作，那些最为美好、最为精妙的作品无一不是在青年时代完成的。”英国的小说家迪斯雷利也写出了这样的心得：“几乎每一件伟大的作品都是年轻人来完成的。”特朗布尔博士曾说：“上天把握着所有兴趣，而在人世间，这份兴趣却分毫不差地把握在青年人的手中。”

有活力的青年总是面带阳光，神采飞扬，而阴郁暗淡早被抛之身后。做事时的心情对于年轻人成功与否相当关键，甚至可控制人的思想，对整个人类都有着不可忽略的影响。亚细亚部落在其诞生之初，就对整个欧洲居民产生了倾覆性的威胁，亚历山大率兵将其击退，而他当时还仅仅是一个年轻人。拿破仑在他 25 岁那年征服了意大利。拜伦和拉斐尔去世时都只有 37 岁。罗慕路斯在他 20 岁时创建了罗马。皮特和博林布鲁克在 30 岁之前就已就任国家首相。格莱斯顿年轻时就进入了国会。牛顿有很多伟大发现都是在他 25 岁前就已经完成的。济慈早逝于 25 岁，雪莱去世时也仅有 29 岁。马丁·路德·金在 25 岁时就成为一名成功的改革者。21 岁的查特顿绝对是文采飞扬，在国人的眼里，同一年龄者无人能与之匹敌。怀特菲尔德和韦斯利还是牛津的学生时，就开始了伟大的文艺复兴，而怀特菲尔德在 24 岁之前，就已经名贯整个英国。你可知道，维克多·雨果在 15 岁就完成了一部悲剧的写作，他在 20 岁前就获得了三项文学大奖，并且获得了大师称号。

世界上有许多伟大的天才都在 40 岁之前早逝。今昔对比，那些满怀激情，渴望成就令人羡慕、辉煌的年轻人，从来没有像今天这样多的机会。这是一个年轻人的时代，他们身上那昂扬的激情，有如他们头顶上的王冠，在他们前面，所有消极和被动的成分都只能俯首称臣，消失殆尽。

如果说在年轻人的身上激情活力不可抗拒，那么当这份活力被传续到老年时，则更加是无法抑制的。在格莱斯顿 80 岁时，他身上所体现出的对于事业的那份激情和活力，要十倍于那些只有 25 岁并且和他有着同样理想的年轻人。人们提及在某一年龄段所具有的辉煌成就，其实就是这一年龄段那份活力的体现。对于老年人的尊敬，因为他们感染大众的是他们内心的热忱。尽管有时老年人让我们看到的是业已衰弱的体质。古希腊史诗《奥德赛》的创作是由一位上岁数的盲人完成的，而这位老人就是荷马。

威尼斯总督丹多洛，在 94 岁时带兵赢得了战争，在 96 岁时则谢绝了王位的授予。威灵顿在 80 岁时还在构筑和监管着防御工事。培根与洪堡直至生命的最后一息还在孜孜不倦地学习。老当益壮的蒙田在步入老年生活之后，依然是那样精气十足，对于生活充满热情，虽然偶尔会有绞痛和痛风的出现，但他却丝毫不以为意，病痛根本影响不到他的生活。

约翰逊博士的经典之作《生命之诗》是在他 78 岁那年完成的。而笛福则在 58 岁出版了他的名作《鲁滨孙漂流记》。牛顿当他 83 岁时还为他的定理写下新的概论。柏拉图在创作中安然离去，那年他 81 岁。汤姆·斯科特从 86 岁开始学习希伯来语。伽利略年近 70 才写出了运动定律。詹姆斯·瓦特 85 岁学习德语。萨默维尔夫人就在 88 岁时完成了她的《分子和显微科学》。洪堡在他 90 岁时完成了《宇宙学》，仅过了一个月，他就逝世了。格兰特在他 40 岁时还没有被人知晓，可他在 42 岁就成了历史上最为著名的将军。伊莱·惠特尼准备考取大学时 23 岁，30 岁毕业于著名的耶鲁大学，他的轧棉机却为美国的南部各州提供了巨大的经济发展前景。你可知俾斯麦在他 80 岁时发挥了多么惊人的能量！帕默斯顿爵士直到生命的最后还是世人眼中的“老顽童”，可你要知道，到 75 岁时，他已是第二次就任英格兰的首相，直到 81 岁逝世时，他依然是这个国家的首相！77 岁的伽利略不仅双目失明，而且身体非常虚弱，但那时的他依然每天坚持工作，继续研究修改他所发现的钟摆等时定律。乔治·斯蒂芬森成年后才开始学习读写。朗费罗、惠蒂埃、丁尼生的一些名作都是在 70 岁后才完成的。

德莱顿 63 岁刚开始《埃涅阿斯纪》的翻译。罗伯特·霍尔年过 60 才开始学习意大利语，竟然能够读懂但丁的原著。诺亚·韦伯斯特在 50 岁后学了 17 种语言。西塞罗曾做过经典比喻，人生像醇酒，年龄让劣者阴郁，让优者更进一步。

拥有了热忱，你就可以留住年轻人的神采，即使你已步入老年也是如此，这就像那墨西哥湾流总是会减缓北欧的严寒。

“你有一颗年轻的心吗？ 如果你不具备，怎能更好适应你的工作！”

第十四章
守　时

“谁又能总是看透人生命运的奇异多变？命运的垂青往往转瞬即逝，错过那一刻我们会把一个月，甚至是一年浪费得干干净净！”

只要有成功的希望，就会出现你意想不到的效果。

——塞万提斯

“放松散漫会让你错失了今天的机会——下一次的延误让你失去的将是明天、后天……”

做人要把握上进的机会。

——莎士比亚

"快，快点寄出！为了救你的命，快！"在英格兰亨利八世那个时代，这句话经常附在留言条上作为警句。旁边还有一幅画，主要讲述的是一个因延误投递而即将上绞架的信使的故事。当时还没有什么邮政，信件多由政府的专门信使来传递，如果出现延误，那他将被送上绞架。

在古老的靠驿站传递信息的年代，传递速度十分缓慢，我们现代只用几个小时就可传达的距离，在古代社会却要花费1个月的时间才能完成，不必要的延误是一项犯罪。今昔对比，当今社会所取得的最伟大的文明成果之一就是可以精确地测量和利用时间。难以想象，我们在现代1个小时能够完成的工作，在100年前却要花费20个小时的时间！

"耽误时间会导致危险的结局。"就因为恺撒没有及时得到消息，当他进入国会大厦时，遭到了蓄谋已久的杀害。拉尔上校，作为特伦顿的防守司令，当一名信使交给他一封信件时，他正在兴趣十足地玩牌，而信的内容相当紧急，华盛顿正带兵试图穿过美国东部的特拉华州。玩兴不减的他根本没在意信的内容，随手将其放入了口袋。直到他的游戏结束，他才开始重视信件的内容，可这一切为时已晚，当他试图召集他的部队抵抗时，他们的命运只能是失败，即使侥幸存活下来，也是成为阶下囚。前后只是几分钟的耽搁却让他失去了荣誉、自由和生命！

成功有一对平凡朴素的父母——准时和精确。每一位成功者的一生中都有一些重要时刻，如果那时他稍有迟缓，或者是畏缩不前，那么现在的一切都会失去。

1961 年 5 月 3 日，马萨诸塞州州长安德鲁致函总统林肯：“收到您的公告后，我们立即采取行动，我们将支持这场战争，现在已一切就绪，人们情绪激昂，相信政府的行政指挥，愿以个人之力尽个人所能，这足以说明，美国人民绝不允许自己的领土遭受分毫侵犯。”而就在周一——4 月 15 日，他已从华盛顿那里收到一份行军布置的计划，在接下来的周日 9 时，他这样答复道：“对于马萨诸塞所要求的军事部署已一切就绪，还有在华盛顿和门罗要塞所有的准备已完成，就算是在他们去国会大厦的路上我们也同样做了部署。”

“我现在唯一考虑的问题就是我该做点什么，可是，当我这一提问得到答复后，我马上会考虑，接下来我做点什么呢？”他如此描述着。

罗斯金说：“整个青年阶段是一个人一生中最基本的塑造品格、陶冶性情和接受教育的时期，这一时期你不应有分毫松懈，因为在这一阶段你所接受的一切，可以说都与你的人生和命运息息相关。你应得到的，一旦错过，就再也不会有补救的机会，慌忙出手，不会完成你的目标。”

拿破仑在生命攸关的重要时刻，投入了极大的精力，绝对加以重视，这样的时刻几乎发生在每一次战争中。作为指挥者，如果能够对其加以重视，那么就会赢得胜利。如果犹豫不决，结果只会失败。对于击败奥地利人这一事实，他觉得那是因为敌人不懂得关键时刻的价值。据说，已有小道消息说有人密谋要在滑铁卢打败他，而在那个关键的早晨，拿破仑和他的元帅格鲁希失去的几分钟时间是致命的。普鲁士布吕歇尔的军队已经来了，但格鲁希却迟到了。所有这一切的结果就是拿破仑最终被送到了圣赫勒拿，数百万人的命运因此而改变。

“明日待明日，明日不再来”，似乎已成为众所周知的大道理。

伦敦非洲协会想将一位旅行者莱迪亚德送到非洲，当问及他什么时候准备出发时，他的回答始终是“明天早上”；约翰·杰维斯被问及他何时上船时，他的回答是“马上”；科林·坎贝尔被任命为驻印度军队的指挥官，当问及他何时出发赴命时，他的回答毫不犹豫：“明天。”

今天的工作推迟到明天去做，所有的能量都在这拖延中被浪费掉。要知道，去做那些被人拖延的工作是多么艰难和让人心烦！那些本来以快乐的心情可以按时完成的工作，如果被延误了几天，甚或几周的话，这份工作将会变得单调沉闷。信件从来都是刚接到的时候最容易答复。许多大公司都制定了这样一条规则：信件一定要当日答复。

快捷迅速可以取代工作中的沉闷乏味。推迟拖延总是意味着工作的中止，将要完成的一件事，成了一件未完成的工作。做事好比撒播种子，在特定的季节里种下是最好的，否则就会不应时令。就像天上的星座，如果它们的运行稍有延误，那么整个宇宙就将失去和谐。

玛丽亚·埃奇沃思曾这样说过：“失去的光阴不再来，哪怕就那么一刻，一个人不要为自己待解决的问题找一个将来的借口，也许这个借口现在看起来很鲜活，但可能后来无望。这些光阴最终会消融于行色匆匆的世界，或沉寂于懒惰之中。”

科贝特将他个人的成功归结为事事有准备，而认为自己的个人天赋是成功的次要因素。“由于这方面的原因，我在部队得到了快速提升，”他这样解释，“如果10点钟是我的岗哨，那么我将在9点就做好准备，只要有我参与的任务，不会因为我而延迟一分钟。”

沃尔特·雷利先生被人问道：“在这么短暂的时间里你是怎样完成这么多工作的呢？”“就在我有事情要做的时候，我会身先士卒地去完成它。”这就是他的回答。只要你做事迅捷及时，即使偶尔会出现的失误，最终的成功也一定是属于你的，而对于一个做事拖泥带水的人来说，即使有着准确的判断，最后也总是以失败而告终。

当被问及他是如何在完成这么多任务的同时，还能参加众多的社会活动时，一位法国的发言人给出了这样的回答："其实这很简单，我从不把今天应该完成的工作拖延到明天去做。"据说就有这样一位失败的社会人物，他做事总是拖拉，他最喜欢的格言就是"凡是能够明天做的事从不在今天来完成"。曾有多少人就这样荒废了自己的事业，他们总是在和同事、亲友的交往中，不经意间将时间浪费得一干二净！

"你在说什么，明天是个什么意思？"科顿问道，"明天能做什么？我以前从未听说过！就像是一个人以自己的赤贫赌你的钱财，当你正在用你的金钱为自己的顽劣无知而付出代价之时，他却在用那不败的希望和承诺来充实着自己的头脑。明天是个什么概念？在那些泛黄的历史记载中，你可能不会找到它的解释，但在那些蠢人的日历里，你可能会有所发现。智者从不承认对这一名词的占有，相反，那些对这一概念津津乐道者，他们往往很难取得实质成绩。明天往往是不切实际的空想，明天总是以个人的愚蠢无知为前提，明天总是那些空想不可或缺的元素之一，明天总是会让你滋生众多的离奇的幻想。有多少人在即将成功的路上遭遇失败，或许他们会有这样的总结："我之所以没有获取成功，那是因为我这一生过多地去追求明天，把什么事情都放在明天去完成，总是认为明天会有更多的利益去追求。"

"但是他的决心信心始终没有动摇，"查尔斯·里德在他写的故事中继续讲述着诺亚·斯金纳，这个总是欠债不还的诺亚，在下决心改变自己后，忽然感到昏昏欲睡，就迷糊地睡着了，"过了一阵，他才从沉睡中醒来，最后一次瞟向那些收据，嘴里含糊地自言自语着：'啊，我的头为什么这么沉！'他一瞬间清醒地坐了起来，但又开始自说自话：'明天吧，明天我再把它带到彭布鲁克去，明天……'然而第二天他已经被警察发现死在家中了。"

"明天"是魔鬼的座右铭。只要你放眼历史，你会发现到处是让人心惊的牺牲品，历史上充满了各种没有完成的计划和半途而废的方案，加之执行者的信心不够坚定。这绝对是懒散和缺乏竞争能力者最喜欢的逃避借口。

“趁热打铁”和“趁着大太阳晒干草”是至理名言。

几乎很少有人能在自身的慵懒习性开始滋生之时就有所认识。你会发现有这样一些人，一天的生活总是在梦游一般，直到午餐或是晚餐之后，更有甚者，甚至到了19点钟之后，他们才会有一种如梦初醒的感觉，也就是说直到此时他们才想到去发挥自己，去争取，去完成什么！对于世人来说，每一天都有人生中至关重要的时刻，只要你懂得去珍惜每一天，那么每一天每一时刻都能得到充分利用。对于大多数人来说，每日晨起的早晚似乎已成为能否取得成功的一个重要的衡量标准。

人们曾高度赞美马耶纳的能力和勇气，亨利四世听到这些赞美之后，给出了如下的评述：“他的确是一名伟大的上校，但我总比他早起五个小时！”亨利在4点早起，而马耶纳却在9点钟才起床，这就是他们之间的差别。犹豫不决往往是一个人最大的缺陷，而此前往往是做事拖延。要想从这份缺陷中解脱出来，摆脱其所造成的失败，做法绝对简单，就是当你做事时，能够把握时机，迅速及时、当机立断。要不然你就会发现，犹豫不决是所有那些要获取成功和完成个人成就路上最大的阻碍。所有那些当断不断者总是自身先受其害，饱受失败的痛苦。

一位著名作家说：“床其实是一个让人又爱又恨的地方，你上床时是不情愿的，而起床时也是不情愿的，每天晚上我们都决心第二天要早早起床，但每个早上我们又都赖在床上不肯起来。”

对于大多数的知名人士来说，他们自身就是早起的典范。彼得大帝总是在天亮以前起床，他说：“为了尽可能地延长我的生命，我必须尽可能睡得少一点。”阿尔弗雷德大帝也是天亮以前起床！说到早起，我们就不能不提及哥伦布，他那闻名于世的美洲远航就是在天亮以前完成计划的。拿破仑也是这方面的典范。回望古今所有的那些著名的天文学家，哥白尼绝对是一位成就卓越的早起者。布莱恩特是在5点起床，班克罗夫特也是在黎明时早起。几乎所有著名的文学创作者都是早起的实践者。华盛顿、杰斐逊、韦伯斯特、克莱、卡尔霍恩虽在不同的领域成就出众，闻名于世，但他们在奋进的道路上似乎都有着一个共同特点：一定要早起。

丹尼尔·韦伯斯特过去经常在早餐之前就已经完成了二三十封来信的回复。

沃尔特·司各特是一个非常准时的人，这也可以说是他取得辉煌成就的一大秘诀。他5点起床，他曾说过，他每天刚到早餐时间就已经完成了一天之中的大部分工作。一位当时小有成就的年轻人向他问询成功的建议，在他的回信中给出了这样坦诚的忠告："要随时警惕自身受到不良习性的困扰，因为那样会使你不能充分利用个人的时间，我所说的就是妇人们常说的懒散习性。注定要做的事情就马上毫不犹豫地去完成，只有在完成工作之后你才有时间分享快乐，不要本末倒置，绝不要在没有完工之前就去玩乐放松。"

关于早起的价值没有什么值得多说的。对于一个正常人来说，要保证充足睡眠8小时已足够。或者说，通常的情况下，7小时的睡眠就已经绰绰有余。一个人在8小时睡眠之后，第一步就是迅速整装待发，去开始他一天的工作。

"我的几个朋友在步入社会，开始个人的职业之路时，厄运却降临在他们的身上。"汉密尔顿这样回忆着，"上天赐予了他们可做的工作，并且他们有着切合时代的个人能力，而这对于一个要在社会上求得生存的人来说已经足够了，只要他们选择适当的时机开始自己的事业。如果说要达到完美，唯一需要加强的是具备充足的精力。可以说此时的他们，绝对应当是一帆风顺地完成自己的个人事业。但就在多年以前，令人不解的困境降临到了他们头上！当所有上天分配给他们的时间碎片被浪费掉之后，就在他们还没有明白这是怎么回事的时候，就已被从所生存的环境中清除了出来！从两个方面来评点，其中之一就是因为他们做事总是要比别人慢一拍，做任何事与时间的策划应该是同时的，但他们却总是先有了工作，之后才进行时间的划分。显然这已形成一种习惯。他们好像从没有过及时痛快地完成手头的工作。邮局刚刚关门，而此时的他们却刚想到发送邮件。忙碌的他们心急火燎奔到了港口，却只能目送他们准备乘坐的客船离去。他们看到了自己想要努力的目标，却总是晚了一步，因为到达时正好是站台大门关闭之时。他们从不违约，也从不推脱自己的责任，但却一直做事不够及时，由于他们总是如此，不知不觉中早已为他们埋下了致命的隐患。”

华盛顿总统在 4 点钟进早餐时，有时候受邀一同在白宫进餐的新议会成员迟到的话，华盛顿就会照旧准时开饭，这使他们觉得很尴尬。华盛顿会这样向他们解释：“你们要知道，我的厨师从来不会问我客人是否已经到来，他只是按照他的规定时间进行安排。”

他的秘书为自己迟到找借口，推说自己的手表有些慢了，对于这种借口，总统马上说道：“我想你必须马上给自己换一块新表，不然的话，我就把你换掉。”

富兰克林有一名经常迟到的用人，总在为自己的迟到找借口，他最后给出了这样的劝告：“在日常生活中我就已经发现，那些总是忙于为自己找借口的家伙，他们从来都是一无是处，我希望你不要成为这种人。”

拿破仑有一次邀请他的指挥官们同他一同进餐，但令人意外的是，受邀者并没有按时到达，于是他一个人在餐厅开始了自斟自饮。当那些将领来到之时，酒足饭饱的拿破仑从饭桌旁站起，大声向众人宣布：“众位先生，本次宴请已到此结束，好了，大家不要在此逗留，我们开始做事吧！”

布吕歇尔可以说是一位最守时者，他被人称作“前进元帅”。

约翰·昆西·亚当斯从没迟到过。议会厅的发言人知道何时去召集众人议事，而时间的确定从来都是以约翰·昆西·亚当斯的能否及时赶到为标准。有一次一名成员说会议时间到了，可另一名成员提出了反对：“还没到时间，亚当斯先生还没有到呢。”最后人们才发现是时钟快了 3 分钟，亚当斯先生并没有来晚，他依然准时到达。

韦伯斯特无论是在中学还是在大学期间，从来没有迟到过。无论是出席法庭、参加国会会议，还是在各式各样的社交活动中，他都同样准时。一个人的生活总有分心之时，尤其是面对那极度繁忙的工作，然而，霍勒斯·格里利总是将自己的生活安排得井井有条，同别人的约见从未迟到过。《纽约论坛报》中许多文笔犀利的文章都是他在等待其他散漫迟到的编辑或久久不开始的会议的过程中完成的。

守时是经商的灵魂，就像简明是睿智的精髓。

在7年从商经历当中，阿莫斯·劳伦斯从未让一张票据留到星期日还没有处理完毕。守时被看作皇室贵族的一种礼节。一些人总是手忙脚乱地处理自己的事情，给人的印象是，他们总是很忙，他们好像要赶火车一样。他们缺乏做事的方式方法，最终完不成太多的东西。每一个经商者都有这相同的想法，在所有的运营过程当中，总会存在诸多决定命运的时刻，假如你比约定的时间晚到银行几分钟的话，那么你的票据将被拒绝支付，而且你的信用也将消耗殆尽。

无论是在初中还是在大学的校园里，最令人怀念的就是那接连不断的对学生加以提醒的铃声，或是唤你起床，或是招呼你学习，或是让你放松休息。总之，铃声最终的目的就是训导你迅捷守时。每一个年轻人都应当准备一块手表，以便随时提醒自己准确的时间。如果你只是拥有做事的勇气和信心，却没有好的做事习惯，那么不论在何时，你的个人能力都将遭到莫大消耗。

“我最欣赏的是那些做事守时的年轻人。”布朗说过，“很快，你在做事时就会对他们产生依赖，很快又会在一些大事上愿意对他们施以指导！”那些以守时而取得大家信任的，在多年的献身投入之后，每个人都毫无疑问地获得了成功。

做事守时会增添你办事的信心，更会为你带来好的信誉。守时是一个最好的证明，表明你手头的诸多事务可以被处理得条理分明，井然有序，同时也会令其他人对你的个人能力刮目相看。守时的人值得你去信赖，这似乎已成为一条固定的规则，因为他们会信守自己的承诺。

列车司机的手表不够准时，就会导致列车相撞事故。拥有巨额资产的行业龙头企业破产，究其根由，可能仅仅是它的一家代理商在提供可应用的资金时，行动不够及时迅速。一个无辜的犯人被绞死，可能只是因为关于他的死刑缓期执行令晚送达了 5 分钟。如果你少听几分钟琐碎的故事，就不会错过自己应该踏上的列车或是轮船。

在听说萨姆特尔陷落之后，格兰特将军立刻决定收编敌军。当巴克纳在多纳尔森堡发出休战旗语，要求双方司令员会面来协商停战条款时，他迅速做出了回答：“没什么好协商的，立即无条件投降。你们立即着手吧！”巴克纳在当时紧迫的形势下，只能无条件地接受了对方提出的苛刻的投降条款。

有些人模仿拿破仑的做事方式，能够在短时间内把握事物的中心要点，为了完成所做之事，可以做出重大牺牲，从而取得胜利。

许多人浑浑噩噩地度过一生，原因在于他们总在不经意地浪费 5 分钟。失败者的墓志铭上你能读出“太迟了”这样的言外之意。一个人的成功与失败不过就是那几分钟的事情。

第十五章
形象的重要性

着装力求适宜勿求贵。

——李维

你的生活习惯要切合你的个人收入，不要因追求虚无而使自己的钱袋透支，也不要因富有而生活花哨，你的着装往往说明你的一切。

——莎士比亚

着装越是艳丽，越没有多少人注意！

——安东尼·特罗洛普

你的着装体现了你的为人，着装整齐说明了你个人品行端正。

——H. W. 肖

一个人出色的形象包括两方面的因素，一个是身体清洁，另一个就是着装整齐。通常，人群中着装干净整齐者肯定会给人留下干净整洁的印象，而那些外表邋遢者，则让人感觉他不注意个人卫生。你的外表所产生的影响要远远超过你的着装本身的价值。

人们个性的表现首先体现在你的外表上。在一个人的外在形象，如着装，被大家所接受的同时，他的内在个性也会受到人们的欢迎。也就是说，在人们的思维中产生了爱屋及乌的反应。可一旦你的外表不受欢迎，或是受到人们的厌恶，那么你所做的一切将很难得到他人的重视或是受到忽略。上述的一切你可以将它看作一条潜在规则，当你身处一个理想、洁净、健康的生活和工作环境中，如果你不去适当提升你的个人标准的话，在他人看来，你同所在的环境是极不相称的。如果一个年轻人不注重个人形象，那么头脑中将会形成疏忽的意识，并且会在诸多方面产生恶劣影响。尤其是女性公民，当一位女性不再关注个人细节装扮，那么她将很快地失去个人快乐，她可能会越发沉沦，直到最后成为一名毫无心思的懒惰者。

毫无疑问，在犹太人的规则中，洁净仅次于对虔诚的信仰。在我看来，二者应该更近一些，个人的纯良洁净才是真正的虔诚。一个人身心洁净才能提升自己的社会地位，如果没有受过这样的升华，人和动物没有什么不同。

你不难发现，强大、温情且纯净的外表同时也象征着内心的坚强、博爱，最重要的是内心纯洁。如果一个人对于自身的外表丝毫不在意，那么你自然就会发现，他的个性也不会有高层次的提升。

然而，利己主义者却极力宣扬感官上和思想上都必须实现洁净。人们每天都存在不足，我们不难记起，曾被认为能力出众的速记员却在不经意间失去了工作，只是因为他没能保持个人指甲的整洁卫生。我有一个朋友，他品行端正，心智聪慧，并且在一家大的出版公司就职，他本是我们的榜样，可我无意间听说，他被公司开除了，就是因为他没能及时修整和清洁自己的口腔和牙齿。一位女士清晰地记得，有一天，她去一家超市想买一些丝带，可就在她走进超市，看到女售货员那带有污渍的手为她拿过样品时，她马上改变了主意，决定到另一家商店去购买。她说："丝带是纯净的，绝不能让那肮脏的手指乱抓一气，否则会失去它的雅致。"当然，不久之后，超市老板同样发现了这位女售货员的这一缺点，更重要的是这影响了他的生意，就在那一时刻，我们所强调的规则再一次生效。

要想在人前树立良好形象，第一点所要强调的就是要经常洗浴。只有每日洗浴才能保证你的肢体肌肤处在一个洁净健康的状态之下，这也是你想保持健康所必需的。

另一个需要注意的就是在洗浴中适当保养你的头发、手掌和牙齿。这些只要你多花点儿时间使用水和肥皂就可以了。

头发当然应每天适当梳理。洗发时用热水和有效的头油清洗剂。修剪指甲的工具再便宜不过了，人人都买得起。如果买不起整套的话，你可以买一支只需花 10 美分的指甲刀，用它来保持指甲的光滑和清洁。要做到个人的口腔清洁其实很简单，然而，有些人在其他方面总是保持着清洁华丽，唯独不经意间疏忽了牙齿的卫生。就像我所认识的一群男女，他们看似十分注重个人的外表，因为他们在人前总是穿着时尚，外貌华丽，然而，他们却忽略了自己的牙齿卫生。其实，他们没有意识到，在一个人的外在形象中，没有任何一个缺点比有着一口不卫生的牙齿，或是缺了一两颗门牙更坏的了。没有什么比一个人的口臭更显出对他人的不尊重了，如果真有此情况，你就更不应该忽视口腔和牙齿卫生。我们都清楚，无论身在何处，当你带着口臭与他人交流时是多么不敬。这绝对是让人反感的一件事。没有一位老板会容忍他的财务、速记或是其他雇员在他的身边弄脏了空气。如果没什么特殊情况的话，他绝对不想要一个缺了一两颗门牙而使自己形象受影响的雇员。有许多应试者往往就是因为自己牙齿不整齐而被拒之门外。

对于那些在社会上的人来说，在衣着方面最好的忠告可以归结为一句话："穿着让你体现高贵，但是绝不要浪费。"穿着上的朴素是最吸引人的地方。在那些经济发达时期，有大量物美价廉、品质出众的衣物面料供你选择，而大多数人都有能力去承担这一选择，把自己打扮得时尚一点。如果你所处的生存环境根本无法为你提供更好的衣物面料的话，那么你绝不必为身着朴素的衣物而脸红。当你身披一件旧衣之时，你不但会拥有自尊，同时还会赢得他人的尊重，一件旧衣所产生的效果是任何一件新衣都无法达到的。身着朴素的衣物也许是不可避免的，但一个人的邋遢懒散却是完全可以避免的，虽然现今它已成为世界范围内的一大难题。不论你有多么贫困，可是当你身着脏衣、脖系发皱的领带、脚蹬多泥的大鞋，衣冠不整地出现在人前之时，人们不会在意你的贫困，但没人会谅解你的邋遢懒散。你可能并不富裕，但你完全可以在你的财力范围之内，将你自己恰当地装扮起来。如果想在人前留下好的印象，你的头脑中应时刻都有这样的意识，那就是保持个人的整洁和卫生，同时要不惜任何代价维护个人的自尊和形象，只要你头脑中拥有这一意识，它可以帮你摆脱逆境，还会使你拥有自信和力量。不仅如此，如果你坚持了这一做法，你会惊奇地发现，你拥有的将是他人的仰慕和尊敬。

赫伯特·弗里兰在极短时间内获得了快速升迁，先是从一个小站点来到了长岛铁路公司，没多久之后，他就成了纽约市地面铁路公司负责人，要说在社交方面，他经验丰富，在谈及如何获得成功时，他总结说："各种各样的衣物并不能完美地塑造一个人，然而，像样的装扮却让好多人得到了像样的工作。假设你只有25美元，而此时你很想为自己争取到一份工作的话，那么，你应当合理运用手中的钱：其中的20美元用来买一套衣服，花4美元去买鞋，剩下的钱你要好好修饰一下头发，然后，再为自己搭配一条干净的领带。这样一番装扮过后，你就可以信心十足地来到你所要面试的公司，要知道，此时，你绝不同于那个只是把钱装在脏衣服口袋里的你。"

下面是另一位成功者约翰·沃纳梅克所说的。

大多数的大型商业公司运行着这样一条规则，绝不聘用那些穿着肮脏、行为邋遢、不能给他人留下好的第一印象的人。芝加哥最大的零售公司对所有前来应聘销售人员的人这样说道："在不同岗位招聘中，招聘的规则会随着岗位的变化而有所不同，然而，在所有成功的招聘者中，有着这样一个不容忽视的共性——所有应聘者要想获得属于自己的机会，他所依靠的最重要的一点，就是充分展示自己的个性。"

当你去参加某一职位的应聘时，并不一定要求你拥有丰厚的功绩，或是超强的个人能力，但招聘者不能容忍的是应聘者对自己的外貌不够细心在意。未经打磨的天然钻石的价值要远远超出那些打磨过的玻璃，但由于粗糙的外表反而有可能被忽略。一个应聘者的外在形象可以帮助他获取想要的工作岗位，相对于那些向往自己的工作却与其失之交臂的人来说，他们不只是得到了一份工作，而且他们还能设法保住这份工作，虽然说他们的能力也许远不如那些被拒绝者。

在美国适用的规则在英国同样时兴，这一点被伦敦布商记录证明。记录这样写道："无论你身在何处，出众的个性展示主要就是你个人的整洁和自身穿着的规整，还有另外一部分就是你手边刚刚完成的工作，它的完成状况也格外体现一个人的细心之处。那些留心于个人外在形象者，他们的个人习惯引导他们做出细心的工作。而那些邋遢的人自然也是做出邋遢的活计。柜台后面的工作间展现的往往是所有工人的习惯，要知道优秀的女售货员虽不是身着特别华贵的服饰，但对于那些肮脏褪色的有皱褶的服饰，她们却拒之门外。这也许是个人习惯的一种展示，是某人对自己外在形象留心的结果，这再一次彰显了这一规则的效用，同时，也说明这一规则对所有的邋遢懒散是绝对的排斥。”

所有的年轻男女都希望自己能够拥有人生成功的重要因素——自尊，所以他们绝不能容忍个人在衣着方面的粗心大意，因为一个人的性格完全可以由他的着装体现出来。当你在着装方面保有清醒意识之时，那么你在社交时就会表现得轻松优雅，而当你衣着破旧不合体，甚至有污渍时，你会相当尴尬和不自在，会明显感到缺少自尊和严肃性。我们的穿着影响着我们的情绪以及我们的自尊，你是否曾有过这样的情感经历，自尊就来自你的穿着规整。当你身穿寒酸的不合身的而且满是污点的长袍之时，它对你在人前的道德和社交规范都存在着不利的影响。伊丽莎白·斯图尔特·菲尔普斯曾说过：“当你时刻注意保持整洁之时，你在行使着一种强大的精神动力，它最大的效用就是让你时刻拥有洁净的意识。细心熨烫加工过的衣领、干净的手套不知使多少应聘者通过了面试难关，相反，那些失败者失败的缘由，也只不过是身上衣服多了几个皱褶或是裂缝。”

注意细节的重要之处还在于，它可以帮你完善你的穿着装扮。你可以通过下面这位女士痛失工作职位的经历而得到启示。有这样一位品德高尚的贵妇人，创办了一所招收女性的工业学校，在那里她们可以接受到好的教育，而且学会如何自立。她需要招聘学校的管理人和授课教师，当考虑到自己的经济实力时，她的受托人为她推荐了一位十分有才学、为人机敏、善于社交而且身体健康的女教师，在受托人的一再夸赞之下，贵妇人决定邀请这位女士前来面试。很明显这位女士具备了校方所要求的资格和能力，然而，不知出于何故，校方却拒绝了这位女士。在事情发生了很长时间以后，当贵妇人的一位朋友追问她此事的根由，想了解她为什么会这么轻易地放弃了这么一个具有竞争力的应聘教师时，她回答说："因为一件小事，或者说是不值一提的琐事，就好像是古埃及的象形文字，虽然细小却价值千金。要知道那女人来见我时，衣着相当时尚，而且十分华贵，但却戴着一副有点儿脏的手套，鞋上的纽扣掉了一半。像她这样邋遢的女性绝不可能为其他女性做出一个好榜样。"也许这名应聘者永远也不会知道为什么自己没能获得那个职位，毫无疑问，她在本职位所要求的每一方面都满足标准，唯一不足就出现在她衣着的细小之处。

所有观点都认为人们应当注重个人的穿着打扮。那些注重穿着的常识好比是做人的一剂精神补药。社会中的人们都强烈地受到他们周围生存环境的影响，你不可能半裸地躺在那里，不可能将洗手间弄得一塌糊涂，不可能让自己的房间混乱不堪，那是因为你在不希望看到别人邋遢的同时，也要求自己要爱清洁。否则你的大脑将会因此发生转变，变得做事不尽力，邋遢马虎不积极。从另一方面来说，当你受到抑郁心情侵袭时，当你觉得身体不舒服，无法工作时，你不是穿件旧睡衣躺在房间里而是应该好好洗一个澡，来一次土耳其式的蒸汽浴，当然这要考虑你的个人承受能力，然后，在你的卫生间精心装扮一番，就像你即将去参加一个时尚宴会，穿着你最得意的服饰，因为这样一番整理之后，你会感到自己正以全新姿态立于人前。在大多数情况之下，当你精心装扮之后，不快的心情早已悄然离你而去，就好像一次梦魇，这时只要你稍加留意就会发现，你的整个生活也会因此而改变。

前面强调了个人穿着的重要性之后，你不要误解我是希望你成为一名英国纨绔子弟，就像传说当中的博·布鲁梅尔一样，他每年单单只是为了雇用一个裁缝就要花费4000美元，经常为了摆弄一条领结浪费大把的时间。对于装扮的过分热爱要比你不在乎它更可怕，曾有这样一些人，他们嗜装成性，甚至达到为其负债的地步，他们将此作为人生主要的奋斗目标和争取方向，进而忽略了神赐予的那份他本应当对别人担负和尽到的责任。就像博·布鲁梅尔那样，他的多少个不眠之夜不是用来潜心求知，而是研究个人外出的得体装扮。但我强调的是形象得体是一份职责，它既影响我们自身，又影响那些我们意图影响的人。当你要出现在某一社交场合之时，衣着得体至少应当是我们所处地位的要求，同时也应当是社交礼仪对于我们的要求。

许多年轻男女错误地理解了所谓的着装理念，在他们看来，既然是要好好着装，那就意味着要追求服装的华贵和靓丽，随着这一错误观念的形成，他们不可避免地坠入一个巨大的陷阱之中，要知道这个陷阱曾埋葬很多人。他们浪费了太多的时间，因为，他们不曾把本应是潜心学习、提高个人修养的时间为其所用，反而把这些时间用来琢磨如何为自己梳洗和打扮，并且常常是在超出他们个人的经济能力的情况下。在装扮方面的过分要求，使得他们总是考虑如何才能买到自己一心想要的服饰，他们往往为了一顶昂贵的礼帽或是一条像样的领带或是一身外套倾尽所有，甚至负债累累。如果你没能买到那令人垂涎的物件，买到的是一件廉价仿制品的话，这将会成为人们的笑柄，在他们看来，这绝对是荒唐至极的事情。真正会穿着打扮的年轻人才不会花费那些没必要的冤枉钱呢！他们戴的是廉价的戒指，领带是朱红色带有彩条的，开的是小额的支票，而且，始终不变的是这群人总是与实惠为伍。和他们恰恰相反的是，那些喜欢花钱打扮的花花公子，正如英国作家卡莱尔描述的那样："这群在乎着装的家伙，无论是在他们的公司、办公室还是其他的什么地方，甚至他们的个人存在都是以穿着打扮为己任，在他们的日常行为中，以至于他们的言行举止中，都无处不在地显示着他们在着装方面的苛求。"他们时刻为着装而生存，为此，他们无暇顾及学习，提高个人的自身修养，换句话说，为了着装，他们甚至放弃了人生的更高追求。

他们的着装开放大胆，甚至有些浮华和不堪入目。他们每一次新式着装的展示也许就是即将出现的新式潮流的提前验证，而与此同时，社会对于他们的反感情绪要远远超出对于那些作风邋遢、不修边幅的人。全世界的人都赞同大作家莎士比亚曾说过的那句话，你的着装时刻向他人彰显你的内在个性。那些在某些人眼中难以抗拒的服装却常常被社会谴责。乍一看，通过一个人的着装来对他人进行评判，也许有些肤浅和草率，然而，诸多的经验还是一再向人们证实，这一方式似乎也还有法可取，作为一项法则，可使用它来衡量着装者的思想倾向和他的自尊心。对于那些在社会上奋斗不息、渴望成功的人来说，他们似乎更应当注重自己的着装，多多在选择方面向他们的同伴学习。你还记得有这样一句格言吗："你对他人着装方式品评的同时，也在向他人说明你的着装艺术。"如果你完全理解此话的深刻内涵，那么，下面这句出自平民哲学家的民间谚语似乎在向你做着进一步的解释："如果你可以向我展示一位女士在一生中不同时期穿过的所有衣物的话，那么我就可以杜撰出她的人生传记。"

希尼·史密斯说过："如果你试图教授一个女孩子'美貌是没有价值的东西，穿着也是毫无用处的'理念，在我看来这不但可笑，而且是荒唐至极的事情。美貌自有其价值。也许她所有的人生期待或是一生的快乐所在就是从她曾经偏爱的一件新式的晚礼服，或是一顶得体的女帽开始的。如果一位女性具有生活常识，那么她自然会明白这一点！现在最重要的是让她明白什么才是人生中最有价值的东西。"

的确，不可否认，着装塑造不了人品，然而，着装对于一个人所产生的影响常常超出人们的预料。普伦蒂斯·马尔福德认为，着装是人类精神净化的最有效的途径之一，这绝不是过分夸大的言辞。因为我们必须始终记住，一件着装常常对于一个人的卫生习惯有着不可估量的促进作用。举例来说，当你试图让一位女士穿上一身她本不喜欢的服装，而且这身衣服上满是污渍，甚至破旧不堪，她的这身穿着绝对会影响到她此刻的心情，她的心情会变得糟糕和低落，对于和服装相搭配的个人打扮她也同样变得漠不关心，她才不去在意是否自己的头发应当做一次精致梳理，或是做一次卷发和整理，因为，只有穿上个人喜欢的衣服，她才会有心情去装扮自己一番。一旦身着在人前有失身份的服装时，她才没心情关注自己的面部清洁与否，或者是所穿的鞋子是否够时尚，她还会流露出这样的言辞："这身破烂玩意儿，对它来说没有什么合不合适的。"如果再进一步探究的话，你会发现此时身着"拙劣服饰"的她，就连日常的行为方式，比如在人前的言谈举止，举手投足，甚至就连她的情感意识、潮流倾向也在莫名之间发生着微妙的变化。究其原因，你不难发现，所有这些出乎意料的结果竟是因为她那套有失身份的着装。那么，你可以猜想一下，如果你让她穿着的是一件高贵典雅的精致礼服，而不再是那身"拙劣服饰"的话，她会做出何种反应，又会发生什么样的变化呢？她会马上为自己的头发做一次时尚的整理，因为只有这样才能和所穿的衣服合理搭配。在这之前，她总是在说表面的清洁无所谓，因为和拙劣的着装毫不相干。可现在有了这样一身气质高贵的着装之后，从前的一切将有如谈笑玩乐，今后将不复重现，或许一日之内，她会为自己的面部做着重复多次的清洁和保养，就连指甲缝都要一尘不染，原因是在她看来，只有这样才配得上所穿的衣服。之前那双破损的旧鞋早已不见了踪影，换成了同服装搭配的时尚皮鞋。要说到思想意识，所谓的时尚新潮好似依赖她的爱好而发展。她总是对于新潮服饰有着更多的期待和追求，新鲜别样的服饰好像更能满足她穿着方面的欲望。而与此同时，曾经令她丢尽颜面的老套款式，将不再是她的眼中之物，甚至不许他人再度谈及！在这一方面，即使是权威的自然学家、哲学家布丰也曾证实着装对于思想的影响：服装对于人们思想意识有着强大影响。他甚至向人们宣称：个人总是无法集中心智全心思考，可就在穿上自己那身宫廷服的时候，他再无杂念，全心务公。其实，布丰本人也真就是像他自己说的那样，在学习研究之前，每一次他都会穿上自己的宫廷服，即使是佩剑也从未忘记过。

刚才我们所谈及的都是服装给人们的正面影响，难道它不存在负面的影响吗？ 当一个人穿着寒酸不合体衣物时，不仅他的自尊心会受到影响，而且他个人的舒适感和人性活力都将大受牵连。衣着得体能让人感到行为放松、谈吐自在。衣着得体给人潜意识的体面和优雅，这是其他东西所难以赋予的，而衣着拙劣不整则常常导致某种限制。

图书在版编目（CIP）数据

奋力向前：生而为赢，人生不言败 /（美）奥里森·马登（Orison Marden）著；张劼译 .—3 版 .—北京：中国法制出版社，2022.9（2023.10重印）

书名原文：Pushing To The Front

ISBN 978-7-5216-2717-6

Ⅰ.①奋…　Ⅱ.①奥…　②张…　Ⅲ.①人生哲学-通俗读物　Ⅳ.①B821-49

中国版本图书馆 CIP 数据核字（2022）第 113648 号

策划编辑：杨　智（yangzhibnulaw@ 126. com）
责任编辑：马春芳　　封面设计：汪要军

奋力向前：生而为赢，人生不言败

FENLI XIANG QIAN：SHENG ER WEI YING，RENSHENG BU YAN BAI

著者/［美］奥里森·马登

译者/张劼

经销/新华书店

印刷/三河市国英印务有限公司

开本/710 毫米×1000 毫米　16 开　　印张/12. 75　字数/148 千

版次/2022 年 9 月第 3 版　　2023 年 10 月第 4 次印刷

中国法制出版社出版

书号 ISBN 978-7-5216-2717-6　　定价：39. 80 元

北京市西城区西便门西里甲 16 号西便门办公区

邮政编码：100053　　传真：010-63141600

网址：http：//www. zgfzs. com　　**编辑部电话：010-63141822**

市场营销部电话：010-63141612　　**印务部电话：010-63141606**

（如有印装质量问题，请与本社印务部联系。）